辽宁省职业教育"十四五"规划教材

短视频编辑与制作

主审 / 张冬冬

主编 / 杨 捷　任云花　徐艳玲

U0208868

教·学
资源

航空工业出版社

北　京

内 容 提 要

本书将理论与实践相结合，详细介绍了短视频的相关知识，其内容由浅入深、语言精练、图示精美、实例丰富，能够帮助读者快速了解短视频并掌握其编辑与制作方法。全书共7章，内容包括短视频概述、短视频前期策划、短视频中期拍摄、移动端短视频后期处理、PC端短视频后期处理，以及两个综合实战。

本书可作为新媒体、电子商务、多媒体设计与制作、数字媒体艺术、影视动画等专业的教学用书，也可作为相关从业人员和广大短视频爱好者的自学用书。

图书在版编目（CIP）数据

短视频编辑与制作 / 杨捷，任云花，徐艳玲主编
. -- 北京 ：航空工业出版社，2021.3（2024.11重印）
ISBN 978-7-5165-2479-4

Ⅰ．①短⋯ Ⅱ．①杨⋯ ②任⋯ ③徐⋯ Ⅲ．①视频制
作 Ⅳ．①TN948.4

中国版本图书馆CIP数据核字(2021)第036609号

短视频编辑与制作
Duanshipin Bianji yu Zhizuo

航空工业出版社出版发行
（北京市朝阳区京顺路5号曙光大厦C座四层　100028）
发行部电话：010-85672666　　010-85672683

北京鑫益晖印刷有限公司印刷　　　　　全国各地新华书店经售
2021年3月第1版　　　　　　　　　　2024年11月第6次印刷
开本：787×1092　1/16　　　　　　　字数：239千字
印张：11.25　　　　　　　　　　　　定价：58.80元

前言
PREFACE

在新媒体当道的互联网时代，短视频因其短小精悍的特点，受到了新媒体平台、电商平台和普罗大众的一致欢迎。目前，随着短视频市场的不断发展，越来越多的媒体爱好者和专业人士投身其中。为顺应市场需求，各院校纷纷开设了短视频制作的相关课程。

为此，我们结合多所院校人才培养方案的要求和学生就业发展的实际需要，编写了这本书。

本书特色

    一本好教材，应该易教、易学，让学生轻松学到实用的知识；一本好教材，应该内容安排合理，体例新颖、实用；一本好教材，应该图文并茂，案例丰富、典型；一本好教材，应该概念准确，语言精练，讲解通俗易懂。具体来说，本书具有以下特点。

一、立树德人，同向同行

党的二十大报告指出："育人的根本在于立德。"本书积极贯彻党的二十大精神，秉承能力教育与思想教育同向同行的理念，尽可能选取既对应相关知识点，又能体现职业素养并与实际应用紧密相关的案例；同时在每章最后设置了"拓展阅读"模块，将能够体现职业素养、传统文化、创新意识和工匠精神的内容潜移默化地融入知识和技能教育中，以培养具有正确价值观的高技能型人才。

二、校企合作，工学结合

本书邀请相关企业专家参与和指导编写，结合企业对短视频人才的实际要求，将重心落在职业需要和岗位的实际应用上，充分发挥学校和企业在人才培养方面各自的优势，实现学生职业能力与企业岗位要求之间的无缝对接。

三、全新形态，全新理念

本书采用"理论＋实践"的方式进行讲解，首先讲解基础理论知识，让读者快速了解相关知识点，然后通过案例实战将理论与实践相结合，使读者能够边学边练，快速达到学以致用的目的。

此外，在讲解知识点的过程中，不可避免地会遇到某些难点或重点。针对不同的难点和重点，本书安排了"课堂讨论""贴心提示""知识拓展"等栏目，第一时间为读者扫除盲点，使其在实际学习过程中能快速理解，不走弯路。

四、数字资源，丰富多彩

本书配有丰富的数字资源，读者可以借助手机或其他移动设备扫描二维码获取相关内容的微课视频，从而更方便地理解和掌握本书内容。此外，本书还配有优质课件、素材与实例、综合教育平台等配套教学资源，读者可以登录文旌综合教育平台"文旌课堂"（www.wenjingketang.com）查看并下载。如果读者在学习过程中有什么疑问，也可登录该网站寻求帮助。

五、语言精练，通俗易懂

本书利用通俗易懂、简洁明了的语言讲解与短视频相关的专业知识，确保读者能够快速了解并掌握知识点。

本书创作团队

　　本书由张冬冬担任主审，杨捷、任云花、徐艳玲担任主编，朱富丽、于璐、刘强、张锦涛、秦晓磊、张敬、夏丽雯担任副主编。

　　由于编者水平有限，书中存在不妥之处，恳请各位读者朋友批评指正。

本书编委会

主　审　张冬冬

主　编　杨　捷　任云花　徐艳玲

副主编　朱富丽　于　璐　刘　强

　　　　张锦涛　秦晓磊　张　敬

　　　　夏丽雯

目 录
CONTENTS

目 录
CONTENTS

目　录

CONTENTS

目 录
CONTENTS

目 录
CONTENTS

目 录
CONTENTS

CONTENTS

目　录
CONTENTS

学习目标

- 了解短视频及其基本特征、发展历程。

- 了解短视频的分类和功能。

- 熟悉短视频的制作流程。

- 了解如何制作优质短视频。

- 了解短视频的运营平台和商业变现方式。

素质目标

- 感受中华文明的源远流长，增强民族
  自豪感。

- 增强传承和发扬中国传统文化的意识。

01
CHAPTER

短视频概述

章前导读

　　短视频作为一种新型视频形式，不仅创新了娱乐方式，能够充分满足人们的娱乐需求，还加速了信息传播，再加上其自身的巨大商业价值，使得短视频在全球火速传播开来。本章带领大家了解短视频的基础知识。

1.1　初识短视频

短视频即视频短片，一般是指互联网新媒体上传播的时长在5分钟以内的视频。

1.1.1　短视频的基本特征

短视频具有播放时长短、制作周期短、创作成本低、内容精练生动、互动性强等特征，总体可用"短小精悍"来概括。

（1）短。短视频的"短"主要体现在播放时长短和制作周期短两方面。

① 播放时长短。短视频的播放时长通常为几秒到几分钟不等，适合在移动状态下或利用碎片时间观看。

② 制作周期短。短视频的制作周期一般为1～3天，简单的几个小时甚至几分钟就可制作完成。

（2）小。短视频的"小"主要体现在制作团队规模小和成本投入少两方面。

① 制作团队规模小。由于短视频没有特定的表达形式，对拍摄方式和制作团队等没有过多要求，因而创作门槛较低，几个人的小团队或个人即可完成制作。

② 成本投入少。短视频对制作技术和设备要求较低，往往一个人一部手机就能完成拍摄、制作，大大减少了成本的投入。

（3）精。短视频的"精"主要体现在内容方面。短视频需要在短时间内将信息表述完整，并真实、生动地传达给观众，利用精湛的视频内容达到"吸粉"的目的，因此呈现出的内容往往极为精练。

（4）悍。短视频的"悍"主要是指其在吸引观众参与、增强观众互动和提高商业价值等方面的能力很强大。

① 参与度高。短视频观众数量多且活跃，2020年7月抖音月活用户数量超4亿，快手超3亿。

② 互动性强。短视频观众可通过平台对作品进行点赞、评论和分享等操作，创作者可根据观众的反馈来调整创作内容。此外，观众还可在观看短视频的过程中进行实时互动。例如，在哔哩哔哩网站上观看短视频时，观众可通过弹幕进行交流，如图1-1所示。

③ 商业价值高。短视频在商业变现方面表现出较高的价值。例如，某短视频创作者发布的美食短视频因其独特的个人风格和精美的画面效果吸引了大批粉丝的关注。2018年8月17日，其开设的天猫旗舰店正式开业，推出5款美食产品，上线6天销量就突破了15万，成功实现了短视频的商业变现。

图1-1 哔哩哔哩网站交流弹幕截图

1.1.2 短视频的发展历程

随着移动互联网的发展，短视频已经成为时代的新宠。纵观其发展历程，短视频从最初的探索到发展，又从爆发式增长到稳步成长，仅仅用了十余年，如图1-2所示。

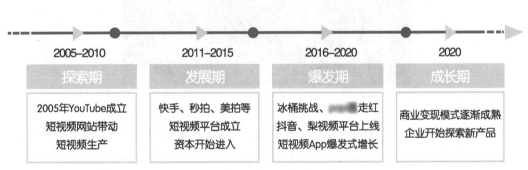

图1-2 短视频发展历程

2005年，You Tube成立，网络上开始出现时长较短的影片，这就是短视频的雏形。

2011年，随着智能手机的普及，各类短视频App产品开始出现。

2014年，中国正式进入4G时代，稳定流畅的网络为短视频提供了传播和观看的条件，移动资费的下降和内容分发效率的提高使得短视频行业用户规模大幅上升，流量红利明显，短视频行业兴起。

2016年，大批短视频App产品争相上市，资本市场不断升温，短视频内容创业者数量呈爆发式增长，短视频行业迎来爆发期。

2020年，短视频行业监管制度日益完善，商业变现模式走向成熟，市场格局趋于稳定，各企业开始探索新产品，短视频的发展进入成熟期。

如今，短视频已经是网络新媒体时代不可缺少的信息传播载体。伴随人工智能、虚拟现实、大数据等技术的发展，短视频也将面临更具挑战和更加精彩的未来。

1.2 短视频的分类和功能

1.2.1 短视频的分类

目前，各大平台上的短视频类型多种多样，各类短视频针对的用户群体也各有不同。按照创作题材和呈现内容不同，短视频主要可分为搞笑剧情类、纪录片类、知识技能类、采访类、创意剪辑类、个人风格类、生活类、资讯新闻类和商品展示类等。

（1）搞笑剧情类。搞笑剧情类短视频是以录制或改编生活中的搞笑事例为主进行创作的，通常会利用反转、对比等手段增强内容趣味性。例如，某网络新锐导演创作的短视频《打篮球嘛，有点嘲讽是正常的》利用了谐音制作出反转的喜剧效果，充满了创意与欢乐，如图1-3所示。

图1-3　短视频截图

（2）纪录片类。纪录片类短视频是对事物、景物、人物或事件进行真实客观地描述，其素材选取范围广泛且表达方式稳定。例如，某知名原创视频博主制作的短视频《新疆空中湖泊——大西洋的最后一滴眼泪》，利用大量无人机俯拍画面客观展现了赛里木湖美丽的风景，如图1-4所示；某知名视频博主制作的短视频《贫穷限制了想象力，中国娱乐教父拆掉马场，改建美术馆，任性！》，通过展示建筑风貌搭配创始人解说的形式，为观众描述了北京松美术馆的设计理念和建造过程，如图1-5所示。

图1-4　短视频截图

图1-5　短视频截图

（3）知识技能类。知识技能类短视频以呈现专业性、知识性等内容为主，包括美妆、美食、生活常识、科学技术、书评等多个方面。例如，某知名美食视频博主发布的以美食制作教学为主题的短视频便属于知识技能类，如图1-6所示。

图1-6　短视频截图

（4）采访类。采访类短视频常见的有两种形式，一种是街头采访，另外一种是人物访谈。街头采访类短视频制作成本低，话题性强，互动性强，制作流程简单，场景无须精心布置，只需随机在街头采访路人即可完成拍摄，如图1-7所示。人物访谈类短视频制作成本较高，流程复杂，需要精心布置访谈场景，以营造一个较专业的访谈氛围。例如，跨界访谈短视频节目《透明人》往往会根据采访对象不同，将访谈场地布置成不同效果，这样不仅提高了节目的专业性，还为采访对象提供了轻松愉悦的访谈环境，如图1-8所示。

图1-7　街头采访短视频

图1-8　人物访谈节目《透明人》

（5）创意剪辑类。创意剪辑类短视频是用专业剪辑手法对已有的画面进行编辑，用精彩的视听语言吸引用户。常见的创意剪辑类短视频主要有两种形式，一种是混剪类，另外一种是电影解说类。混剪类短视频利用剪辑技巧和创意，将多部电影进行混剪，或将各类游戏进行混剪，将原有素材剪辑制作成精美震撼或独具创意的作品，如图1-9所示。电影解说类短视频是将正常时长的电影剪辑成几分钟，并加入解说、评论等元素再次创作成为新的作品，如图1-10所示。

图1-9　游戏混剪类短视频　　　　图1-10　电影解说类短视频

（6）个人风格类。个人风格类短视频主要是通过展示人物性格特点或人物形象特质吸引用户关注。这类短视频往往具有浓烈的个人特色，拥有特定的人设。例如，某短视频创作者的短视频中主角以古风穿搭为个人特色，打造了带有"仙气"的主角形象。

另外，制作个人风格类短视频不仅需要拥有独特的人格化形象，还需要将这个形象延续到后续的内容创作中，才能持续吸引用户关注。例如，某美食视频自媒体因连续发布了多个脑洞大开的花样美食题材短视频，如煎饼书和悬空烤鱼（见图1-11）等，以此吸引大量用户关注，达到快速"吸粉"和"固粉"的目的。

图1-11　短视频中的煎饼书和悬空烤鱼

（7）生活类。生活类短视频以展示创作者的生活环境和生活状态为主，能够打破时空界限，拓展观众眼界，让观众体验不一样的人生。这类短视频常见的有旅行、个人Vlog等题材。旅行类短视频可让观众足不出户就能享受美景，如图1-12所示；个人Vlog类短视频可让观众观看他人生活日常，了解不一样的生活方式，如图1-13所示。

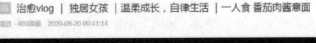
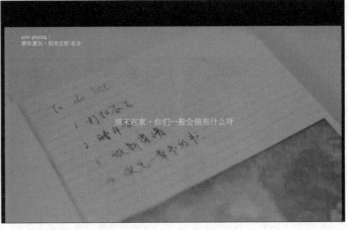

| 图1-12 旅行类短视频 | 图1-13 个人Vlog类短视频 |

（8）**资讯新闻类**。资讯新闻类短视频以记录和报道时事新闻为主，具有社会意义和公共价值的事件，社会与自然环境的变化，以及各种新发现、新事物等均可作为其创作内容。看看新闻、梨视频等平台所播放的短视频大部分属于此类。

（9）**商品展示类**。商品展示类短视频以呈现商品的外观、特点和功能为主，是各大电商平台商品展示的主要形式，淘宝、京东等购物平台上所播放的短视频都属于此类。

1.2.2　短视频的功能

短视频兼具表现力和传播力，同时又具备娱乐和商业价值。下面从满足娱乐需求、加速文化传播、创造商业价值3个方面来讲解短视频的功能。

1．满足娱乐需求

相比传统的文字和图像，短视频的表现效果更直观、生动。其紧凑、接地气的内容能够有效满足大众的娱乐需求，帮助大众在日常生活中利用碎片化时间进行娱乐消遣、释放压力。

2．加速文化传播

短视频拓宽了大众表达自我的平台和渠道，不同行业、不同区域的人均可通过短视频让观众感受不同文化的魅力。作为传播媒介的短视频让承载了文化与知识的内容传播变得更加迅速与便捷。

3．创造商业价值

短视频巨大的流量和超高的用户黏性可以为企业提供品牌推广、活动推广，同时其较强的用户转化能力还可以挖掘潜在客户，从而带动产品营销，提升企业知名度，创造一定的商业价值。例如，某奶茶品牌成立之初在抖音上发布了一条关于奶茶的短视频，收获近40万个赞及大批粉丝的关注，如图1-14所示。利用这种营销方式，使其品牌得到迅速推广，因而当其实体店开始经营时，人们纷纷排队购买，奶茶供不应求。

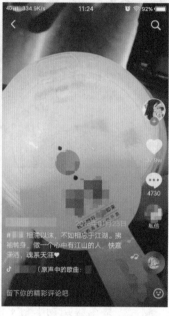

图1-14 短视频截图

1.3 短视频的制作流程

短视频的制作流程可分为前期策划、中期拍摄和后期处理3个阶段。每个阶段又包含多个环节，如图1-15所示。

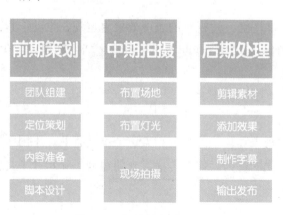

图1-15 短视频制作流程

（1）前期策划。前期策划是指制作短视频前的一系列准备工作，主要包括团队组建、定位策划、内容准备和脚本设计等。

（2）中期拍摄。短视频中期拍摄是将创作者的创意构思转换成视频的过程，是整个流程中最为重要且繁杂的环节，需要团队成员协作完成。通常情况下，在拍摄前要先布置好场景和灯光，拍摄期间由导演把控全场，指导演员表演；演员需要熟记剧本台词，配合演出相关角色；摄像师需要理解脚本，根据脚本设计，运用镜头技巧完成拍摄任务。图1-16为短视频拍摄现场。

图1-16　短视频拍摄现场

（3）后期处理。后期处理是创作者利用手机或电脑对拍摄好的素材进行剪辑、校色、配音、添加效果和制作字幕等操作，最终输出短视频并进行发布。

1.4　如何制作优质短视频

1.4.1　优质短视频的基本要素

优质短视频应具备优质标题、优质内容和专业制作3大要素。

（1）优质标题。标题是短视频的门面担当，拥有一个优质标题，往往能够引起观众注意，激发观众好奇心，从而提高视频点击率。例如，某搞笑视频自媒体发布的短视频《你说话滴水不漏，我挑刺见缝插针》，其标题文体对称，简单明了地阐述了"挑刺"这一主题，收获了较高的点击率，如图1-17所示。

又如，某知名数码博主发布的短视频《有多快？5G在日常使用中的真实体验》，其标题首先用疑问句引起观众遐想，再用陈述句高度概括了视频内容，创作者利用优质的标题和内容收获了超过2300万的点击率，如图1-18所示。

░░░░周一放送——你说话
滴水不漏，我挑刺见缝插针
▶ 533.3万　🕐 2019-8-26

░░░░有多快？5G在日常
使用中的真实体验
▶ 2332.6万　🕐 2019-6-6

图1-17　《你说话滴水不漏，我挑刺见缝插针》　　图1-18　《有多快？5G在日常使用中的真实体验》

（2）优质内容。优质短视频不仅需要优质标题，还需要有优质内容。优质短视频内容不仅能给观众带来乐趣，还具有深刻的价值，能够引起观众的共鸣。例如，某搞笑视频自媒体发布的短视频《为什么每次我一睡觉，蚊子就在我耳边开演唱会》，用搞笑的方式讲述了日常生活中蚊子带来的小烦恼，其内容趣味、形象，能让观众感同身受，如图1-19所示。

又如，某情感博主发布的一系列抖音短视频描绘了形形色色的社会各个阶层的人群，如《努力工作的人，都有光亮呀，那会照亮你的前路》以努力工作到深夜的年轻人为主角，《夏日里的遗憾，一定会被秋风温柔化解》以叛逆儿子与苦心父亲为主角。这两个故事将普通人的努力、坚强、美好传递给观众，其展示的生活不易和人间真情令观众动容，具有深刻的社会价值，如图1-20所示。

图1-19　短视频截图　　　　　　　　　　图1-20　短视频截图

（3）专业制作。专业制作是打磨优质短视频的基础。目前，网络上大部分优质短视频从镜头拍摄到后期处理都有专业制作团队支撑。

1.4.2　创作者的基本素养

想要制作出优质短视频，创作者还需具备一定的基本素养。那么如何提高创作者的基本素养呢，下面简单介绍。

（1）**拓宽眼界，增长见识。**想要创作优质短视频作品，首先要拓宽自身眼界，增加对生活的体验，对事物具备独到的想法和见解，这样在创作时才能表达自我，自成一派。

（2）**欣赏佳片，提升审美。**学会赏析优秀作品是创作优质短视频的前提。经常欣赏优秀作品能够帮助创作者提升审美，紧跟主流。

（3）**掌握软件，熟练操作。**能够熟练操作手机或电脑编辑短视频，是对创作者的基本技术要求，能为创作优质短视频打下坚实的技术基础。

1.5 短视频的运营和变现

短视频制作完成后，如何进行运营和变现是创作者最为关注的。本节简单介绍短视频的运营平台和商业变现方式。

1.5.1 短视频的运营平台

短视频的运营平台主要包括短视频App、社交平台、新闻平台、在线视频平台4种。

1．短视频 App

短视频App是指抖音、快手、秒拍、微视、美拍、小影等可创作和传播短视频的移动端平台。此类平台能同时满足用户创作和观赏两大需求，受众多、传播快，是时下最流行的平台。

2．社交平台

社交平台是指微信、微博和QQ等网络社交软件。这类平台的用户主要是伴随互联网长大的新一代，普遍较为年轻，再加上其具有熟人传播机制等特点，用于运营短视频能获得更高的商业转化率。

3．新闻平台

今日头条、腾讯新闻、澎湃新闻、梨视频、天天快报、一点资讯、网易新闻等均属于新闻内容平台。其中今日头条可以根据用户的喜好为用户推荐相关的短视频，这一特点倍受用户青睐。

4．在线视频平台

在线视频平台有搜狐视频、优酷视频、爱奇艺、腾讯视频、哔哩哔哩、爆米花等。这类平台本身带有一定的引流能力，将短视频放在这类平台中播放，能够起到很好的传播效果。

1.5.2 短视频的商业变现方式

短视频具有很强的商业价值，其变现的方式主要有广告植入、用户付费、平台补贴、电商卖货和MCN机构运营。

1. 广告植入

广告植入是将用于宣传产品的广告信息放入短视频中，以达到宣传品牌或产品的目的。常见的短视频广告植入形式有4种：

① 贴片广告，是在短视频的片头或片尾植入的客户品牌广告，主要用于宣传品牌；

② 浮窗Logo，即在短视频播放过程中放置在边角位置的品牌Logo，主要用于提高品牌知名度，加深大众对品牌的印象；

③ 创意软植入，即在短视频内容中融入商家的产品和服务，在潜移默化中达到营销的目的；

④ 品牌定制，即为品牌或产品量身定制内容，能最大程度展现品牌特色和文化。

2. 用户付费

用户付费主要包括粉丝打赏和内容付费两个方面。粉丝打赏是用户通过充值或购买虚拟礼物进行的一种消费行为。一般较大的自媒体平台，会鼓励用户在平台上对创作内容进行打赏，如哔哩哔哩网站中的投币打赏，微信公众号中的推文打赏等。内容付费是用户需付费才能观看某些短视频，常见于知识技能类短视频。

3. 平台补贴

平台补贴是平台为扶持短视频创作达人，利用补贴或分成的方式吸引创作者为平台创作短视频，达到吸引粉丝的目的。

4. 电商卖货

电商卖货是通过短视频分享商品内容和购物通道，方便用户在看短视频的过程中，能对推荐的商品直接下单，从而实现商品营销。

5. MCN机构运营

MCN（Multi-Channel Network）是一种新型网红经济运作模式。公司以签约形式将网红资源集中起来，为旗下短视频创作者提供广告合作、包装推广、内容分发、版权维护等一系列服务，从而保障作品可持续输出，最终实现稳定的商业变现。

优秀作品赏析

《叫花鸡——妈妈问我为什么对着屏幕流口水？》是某知名美食视频博主于2020年发布的美食短视频。该短视频利用丰富、有趣的画面详细描述了叫花鸡的制作方法，如图1-21所示。

图1-21　短视频《叫花鸡——妈妈问我为什么对着屏幕流口水？》截图

该博主发布的短视频大多有较高的点击量，其团队以此进行流量变现，成功实现盈利。以《叫花鸡——妈妈问我为什么对着屏幕流口水？》为例，该短视频发布后迅速火爆全网，在哔哩哔哩网站上的点击量超过了58万。那么，这部短视频有何优势，为什么能火爆全网呢。接下来从内容、标题、制作3个方面进行分析。

从内容方面看，该短视频呈现的内容和场景均十分实用、接地气，容易引起观众的共鸣。此外，创作者利用诙谐、幽默的表达手法，提高了该短视频的整体趣味性，使其具备了一定的娱乐价值。

从标题方面看，该短视频的标题采用疑问句设置悬念，以引起观众好奇心的方式，引导观众观看视频追寻答案。

从制作方面看，拍摄时的镜头运用和后期的色彩校正均十分专业，短片画面衔接自然，画质清晰。

综上所述可以看出，短视频的内容是否优异，标题是否有吸引力，以及团队制作是否专业对其传播具有重要作用。

文化自信是内容输出的不竭源泉

某短视频创作者不断输出中国传统文化，她曾经花费大量时间介绍中国的二十四节气，也用镜头记录下多种农作物从发芽到收获的"一生"。从木活字印刷术（见图1-22）到蜡染（见图1-23），从中国大好山河到传统特色小吃，数不清的中国传统文化在她的短视频中活灵活现、趣味盎然。一个个用心制作的短视频既是对中国传统文化的一次次深耕，也是对它们的保护与传承。

图1-22　木活字印刷术　　　　　　　　　　　　　　图1-23　蜡染

　　当被问及持续输出中国传统文化内容是否感到有压力或惶恐时，她的回答是：文化自信是内容输出的不竭源泉。没错，中国是拥有五千年灿烂文化的文明大国，中华传统文化是我们文化自信的出处，是她回答这一问题的坚实后盾。谈起未来的安排，她坦言会继续传承并发扬中国传统文化。

本章实训

　　观看两个以上短视频，试着从标题、内容和制作3个角度分析其优缺点。

学习目标

- 了解短视频团队的人员构成和常见配置。

- 熟悉短视频定位策划的工作内容，包括用户画像、产品分析和选题确立。

- 掌握短视频创意、标题和剧本的构思方法与技巧。

- 掌握短视频脚本的类型和设计要点。

- 能够灵活利用所学知识创作剧本、设计脚本。

素质目标

- 增强版权意识。

- 关心国家大事，了解国家最新政策。

02 CHAPTER

短视频前期策划

章前导读

短视频前期策划对其风格、内容和受众等有很大影响。做好短视频前期策划能为后续拍摄和剪辑打下良好基础。

短视频前期策划工作主要包括团队组建、定位策划、内容准备和脚本设计等。这些环节的工作相对复杂，为帮助读者深入学习和掌握相关知识，本章将对此进行详细讲解。

2.1 短视频团队组建

"众人拾柴火焰高",想要制作出优质的短视频往往需要拥有一支专业团队。下面先来了解短视频制作团队的人员构成,然后了解一下常见的团队配置。

1. 团队人员构成

从短视频的制作流程来看,一支专业的短视频制作团队一般由编导、演员、摄像师、剪辑师和运营人员等构成。

(1)编导。编导主要负责统筹大局,其工作任务是把控作品风格,策划内容和脚本,制订拍摄计划并协调工作人员进行现场拍摄和后期处理等。

(2)演员。短视频演员一般是非专业的,其主要工作是出镜配合拍摄,展示人物形象等。

(3)摄像师。摄像师是负责将剧本拍摄成镜头的重要角色,其主要工作是搭建影棚、布置灯光,并灵活运用专业技能进行现场拍摄等。

(4)剪辑师。剪辑师是短视频后期处理的主力军,其主要工作是选择、整理、剪辑拍摄好的素材,并运用娴熟的剪辑技术,实现导演的创意和构思,制作出一部成片。

(5)运营人员。短视频运营是利用各类短视频传播平台进行产品宣传、推广、企业营销等一系列活动。其运营人员的主要工作是根据网络数据和用户反馈为短视频提供指导性意见,精准了解用户喜好开展营销活动,并进行多平台多渠道的推广等。

💬 课堂讨论

假如从事短视频行业,你的理想岗位是什么?选择该岗位的原因是什么?为此需要做哪些准备?

2. 常见团队配置

制作短视频前可根据预算合理组建团队。如果资源充沛可组建一个相对高配的团队,设置编剧、导演、运营、道具、演员、化妆、配音、美工、摄像师和剪辑师等多个岗位,每个岗位由专业人员就任。如果资金不太充足,可选择组建中等配置的团队,由一人负责多项工作。如果资金投入少且内容相对简单,可个人独立制作,这种情况下要求个人自身具备较强的综合能力。表2-1为常见的短视频团队配置。

表 2-1　常见的短视频团队配置

高配	中配	低配
编剧	导演	个人
导演		
运营		
道具		
演员	演员	
化妆		
配音		
美工	制作人员	
摄像师		
剪辑师		

2.2　短视频定位策划

　　短视频定位策划是为了制作出既优质又受用户欢迎的作品而进行的一系列准备工作。下面从用户画像、产品分析和选题确立3个方面，讲解进行短视频定位策划需要做的工作。

2.2.1　用户画像

　　用户画像是将网络中的用户信息标签化，再利用标签将用户形象具体化，其实质是通过分析用户信息来精准概括用户特征。以刚毕业的职场女性和在校大学生为例，通过收集两个群体的基本信息（如年龄、性别、家庭情况、职业、业余爱好等），经过整合分析后可获得如图2-1所示的用户画像。

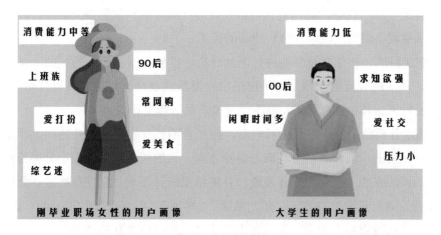

图 2-1　用户画像

制作短视频前通过相关数据进行用户画像，能够帮助创作者更有针对性地定位内容。例如，极光大数据2017年通过对短视频App用户进行数据分析后得出如图2-2所示的用户画像。创作者从该画像中可获得短视频App用户的男女比例和年龄层等信息，还可以了解其兴趣爱好及社交风格。

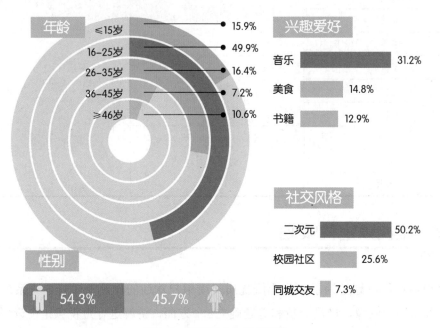

图2-2　短视频App用户画像

由此可见，利用用户画像可以精准且直观地了解用户的特征。对于短视频创作者而言，在制作前通过数据得出用户画像，以此分析用户喜好，挖掘用户需求，能够更便捷地定位短视频类型，实现精准化营销。

2.2.2　产品分析

短视频产品分析是对现有同类短视频的优劣进行分析和评价，创作者从中能够拓展思路，以辅助后续短视频的选题确立。短视频的产品分析一般需要先确定目的，然后确定分析的关键词，最后通过对比分析产品的优劣。

（1）确定目的。制作短视频前进行产品分析，需要先明确分析的目的，是为了了解市场现状、确定内容范围，还是为了挖掘用户需求或观众喜好等。只有先明确了目的，才能在分析时不偏离主题，高效、准确地完成产品分析工作。

（2）确定分析范围。明确分析目的后，创作者需要确定分析的关键词，即根据目的联想出与其相关的词汇，并从中选取与自身方向一致的关键词，以缩小分析范围，然后根据所选的词汇在相关平台上进行搜索，并将结果统计下来，以便后续进行分析。以美食类短视频为例，其相关的关键词有"做饭""料理""厨房""试吃"等，选取关键词进行搜索，并从搜索结果中获取比较突出的账号，然后将收获的结果统计下来，准备进行对比分析。

（3）对比分析。对比分析是将前期统计下来的信息进行多角度对比，以辅助后续确立选题。通常情况下，创作者可对不同账号的短视频进行对比分析，也可对同一账号的短视频进行对比分析，分析的内容主要包括账号粉丝量、点击量、点赞量、评论数等，具体分析内容和分析角度可根据个人需求决定。例如，某知名美食视频博主发布的短视频《宣布一下，我有那个陪我一起吃火锅的人了》，在哔哩哔哩网站点击量达到549.2万，点赞量是39.4万，评论数为9833，远超其排在第二位的短视频《这就是你大半夜吃泡面的借口吗嗯？？》，在粉丝数量相同的情况下，前者点赞量和评论数相对较高，如图2-3所示。通过对比分析发现这期短视频不仅有美食，还加入了男主角"脱单"的"八卦"，这个"爆点"引发了观众情感上的共鸣与互动。由此可见，新颖的选题会吸引观众的眼球，创作者可据此制作出属于自己的"爆款"短视频。

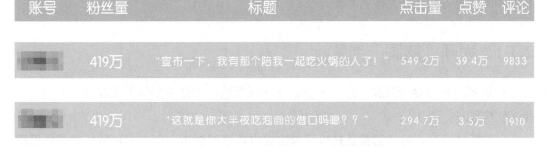

账号	粉丝量	标题	点击量	点赞	评论
	419万	"宣布一下，我有那个陪我一起吃火锅的人了！"	549.2万	39.4万	9833
	419万	"这就是你大半夜吃泡面的借口吗嗯？？"	294.7万	3.5万	1910

图2-3　两个短视频的产品分析报告

贴心提示

"知己知彼，百战不殆"，分析同类短视频作品可以"知彼"，通过不断地实践和剖析，挖掘团队的特长，则可实现"知己"。创作者应根据自身资源进行合理安排，打造团队的产品特色。

2.2.3　选题确立

创作者通过用户画像明确受众主体，利用产品分析了解爆款产品的优势后，接下来就是确立短视频的选题了。短视频选题主要来源于以下3个方面。

① 在热门话题中确定选题。热门话题本身自带热度，在热门话题中选取合适的选题，容易吸引观众的注意。例如，某短视频创作者发布的《听说爱吃螺蛳粉的朋友，都很可爱啊！》点击量超过了600万。其主题中的螺蛳粉是一种新兴的网红美食，创作者的这一短视频从自制螺蛳粉的角度切入，激发了"吃货们"观看与互动的欲望。

② 从用户建议中收集选题。从个人账号或同类账号中筛选用户的留言和评论，挑选

有价值的建议和问题作为选题，以此提高用户的参与度。目前，有大量时尚领域的美妆短视频博主经常会和粉丝互动，并从评论中决定下次选题。

③ 从生活中获取选题。短视频的创作灵感来源于生活，创作者用心体验生活、观察细节并从中获取选题能够更深层次地触动观众内心，引发共鸣。例如，《看了这个，你还敢说改天请你吃饭吗？》讲述了如何督促一个说改天请你吃饭的人兑现承诺的搞笑故事，而"改天请你吃饭"的梗经常出现在生活中，创作者以此为选题，打造出这一"爆款"短视频，获得了超过30万的点击量。

2.3　短视频内容准备

短视频领域崇尚"内容为王"，想要创作出好的短视频内容，需要创作者在创意、标题和剧本等方面充分发挥其才能。

2.3.1　大开"脑洞"创意

短视频内容需要创意和亮点，才能抓住观众视线。创意主要体现在题材、人设和风格3个方面。

（1）题材创意。题材创意是对短视频选题内容进行创新。创作者可从新颖的角度阐述同类型题材，或重新挖掘新题材等方式进行创新，以制作出独具创意的短视频。

（2）人设创意。人设创意是指塑造个性分明、特征突出的短视频角色，以利用个性化人物让内容变得更加生动、有新意。例如，某电影视频自媒体创作的短视频中的男主角形象特征是温暖、体贴、懂女生，创作者将这一特征贯穿在其短视频中，从而创作出了一系列深受女性观众喜爱的作品。

（3）风格创意。风格创意的设定往往是通过独特的制作手法来展现，表现在拍摄手法或后期处理上。例如，某摄影博主的短视频在镜头运动、画面色彩及转场等制作上均有浓烈的个人风格，如图2-4所示。

图2-4　短视频截图

2.3.2 编写"洗脑"标题

标题是短视频内容的高度概括，有点明主题和方向的作用。一个好的标题能对用户产生强烈的吸引力，从而提高短视频的点击量。想要创作出好的标题可从以下3个方面入手。

（1）利用关键词，直接叙事。利用叙事标题对短视频内容进行简单描述，以便用户获取更多信息。例如，短视频《摄影教程——如何在古色古香的环境里拍好人像》标题中的"摄影教程"是其定位，"在古色古香的环境里拍好人像"细致地指明了摄影教学的方向，如图2-5所示。

此外，还可在标题中加入定位关键词，有助于用户精准搜索。例如，《掌握微单5大对焦模式6大对焦区域！索尼对焦教学》是一个微单对焦的教学短视频，标题中的"微单""对焦""教学"等关键词，让人对短视频内容一目了然，如图2-6所示。

摄影教程 | 如何在古色古香的环境里拍好人像 | 蔡

图2-5　叙事标题

掌握微单5大对焦模式6大对焦区域！索尼对焦教学

图2-6　使用关键词点明主题

（2）利用疑问句，设置悬念。利用在标题中设置悬念的方式激发用户好奇心，引导用户揣测、期待短视频将呈现的内容，以此提高短视频的播放完成度。此外，当短视频内容与用户期待基本一致时，还可进一步提高用户的互动热情。图2-7为两个设置悬念的标题。

图2-7　两个设置悬念的标题

（3）利用故事，激发情感。对于观众而言有画面感、有情绪的故事型标题可读性更强，能够激发其情感和探索欲，因而创作者可以在标题中利用"抱憾终生""催泪"等情绪词语创造情感氛围，如图2-8所示。

有些照片你不拍就会抱憾终生

最强催泪：人，为什么要努力

图2-8　故事型标题

> **贴心提示**
>
> 　　编写标题时要紧抓观众的需求和痛点，切记不要做标题党，否则观众看完短视频后效果会适得其反。

2.3.3　创作"吸睛"剧本

　　剧本是短视频制作的基础和前提。短视频剧本不仅需要有令人耳目一新的构思，还要有清晰的结构和精简的描述。下面通过讲解故事大纲的编写方法，剧本的创作格式及编写技巧，向大家介绍如何创造"吸睛"剧本。

1．故事大纲

　　短视频的故事大纲是对其内容的大概构思，创作者编写大纲只需要将思路和发展主线简单描述一下即可。以下是短视频《什么样的朋友圈，能让你痛彻心扉？》的故事大纲。

> **《什么样的朋友圈，能让你痛彻心扉？》故事大纲**
>
> 　　女主在家切菜切到手指，为了发朋友圈不顾伤口一直在摆拍，折腾到伤口都愈合了，她又将伤口撕开继续摆拍，最终朋友圈发好了，自己却被疼哭了。

2．剧本格式

　　短视频的剧本主要是给导演和演员看的，为了保证拍摄工作可以顺利进行，需要使用统一的格式来编写。通常情况下，短视频剧本会标注时间、人物、地点、场景和剧情等，具体格式可参考短视频《什么样的朋友圈，能让你痛彻心扉？》剧本。

《什么样的朋友圈，能让你痛彻心扉？》剧本

时间：白天

人物：年轻女性

场景：厨房内

剧情：

女主在厨房里切菜，不小心切到了手指，女主痛苦地看着手指的血流了出来。

女主："哎呀，切到手啦。"

女主用嘴使劲吹着伤口，突然灵机一动。

女主："好不容易切到手，发个朋友圈。"

她兴奋地拿出手机，举起受伤的手指配合各种痛苦的表情进行摆拍。

女主："不行啊，手太黑了。"

女主走出厨房。

（画面转换）

女主抬着受伤的手，另一只手拿了个台灯过来，又开始各种摆拍。

女主："这衣服太难看了。"

（画面转换）

女主换了身衣服回来继续自拍，看着镜头里的自己想了一下。

女主内心：总不能素颜吧。

女主："化个妆。"

（画面转换）

女主化完妆回来准备继续自拍，这时发现手指已经不流血了。

女主："啊！伤口怎么就愈合了，这伤口愈合得也太快了。衣服不能白换，妆不能白化。"

女主痛苦地将自己的伤口撕出了血并继续自拍，终于得到了满意的照片。

女主："这回好了，发个朋友圈。"

发完以后，女主崩溃大哭。

女主："太疼了。"

3．剧本编写技巧

想要创作出好的剧本，让短视频在短时间内吸引观众，需要创作者具备一定的编写技巧。

（1）故事简短。短视频剧本的故事不宜拖沓，需要用最精简的方式将故事情节讲述完整。

（2）先声夺人。将故事高潮提前，从一开始就要抓住观众的眼球。

（3）冲突转折。编写剧本时可利用人物反差或性格冲突等矛盾丰富剧情。此外，还可在故事的结尾安排反转情节，增加故事层次。

（4）注意可行性。创作者编写剧本时一定要考虑好拍摄的可实施性。

2.4　短视频脚本设计

短视频脚本是短视频拍摄的框架，不仅可以辅助摄像师掌握每个镜头的拍摄时间和内容等，还有助于提高拍摄的效率和质量，避免出现漏拍、错拍等情况。

2.4.1　短视频脚本类型

拍摄短视频时，常用的脚本有拍摄提纲、文学脚本和分镜头脚本3种。不同类型的脚本适用于不同类型的短视频，读者可根据创作需要选择合适的脚本。

1．拍摄提纲

拍摄提纲是对短视频拍摄要点的提示，提示内容主要包括拍摄的时间、地点、事件和注意事项等。这种类型的脚本适用于随机性强、不易把控的短视频创作，如街头采访、新闻纪录等。以下是采访短视频《颜值高和学历高，你选哪一个》的拍摄提纲。

> #### 《颜值高和学历高，你选哪一个》拍摄提纲
>
> **采访对象：** 大学生。
>
> **采访地点：** 校园内。
>
> **采访问题：** 颜值高和学历高，你选哪一个？
>
> **采访注意事项：** 注意采访人员性别均衡，不能有过激言论。

2．文学脚本

文学脚本是对短视频演员任务的安排，通常只需要列出时间点及要做的事情即可。这种类型的脚本适用于镜头少且基本无剧情的短视频，如测评、教学、Vlog等。

> #### Vlog《今天参加同学婚礼了》文学脚本
>
> 7:00，起床做早餐，浇花、晒衣服、化妆，挑件漂亮的裙子。
>
> 9:00，出门，打车去婚礼现场，车上和司机聊天。
>
> 9:30，到达婚礼现场，跟朋友们打招呼，给红包，送祝福并合影。

10:30，拍摄一下现场布置，出镜讲解同学的恋爱结婚史，找朋友们一起拍。

11:30，实拍婚礼过程，包括现场氛围和仪式过程。

12:30，展示婚礼宴席，点评一下各类美食。

14:00，回到家中，分享参加婚礼的感受，与观众互动。

3. 分镜头脚本

分镜头脚本又称摄制工作台本，是将剧本文字转换成可视画面的中间媒介。分镜头脚本没有固定的格式，通常包括镜头的镜号、景别、镜头运动、时长、画面内容、对白、声音等内容。创作者在编写分镜头脚本时，通常会将这些内容绘制成表格，逐项填写，如表2-2所示。这类脚本常用于画面要求高、故事性强的短视频制作，如纪录片类、搞笑剧情类短视频等。

表2-2　分镜头脚本的格式

镜号	景别	镜头运动	时长	画面内容	对白	声音	备注
1	中景	从右到左摇镜	1 s	6个穿着病号服的人在玩老鹰抓小鸡的游戏		嬉戏声	
2	近景	从下到上移镜	3 s	穿着白大褂的主任走上台	停停停		

表2-2中各项内容的作用如下：

① 镜号。镜号是指镜头进行组接的顺序号。

② 景别。景别是指拍摄对象在画面中所占比例的大小，主要包括远景、全景、中景、近景、特写等。

③ 镜头运动。镜头运动是指镜头的运动方式，如推、拉、摇、移、跟等。

④ 时长。时长是指镜头剪辑后的时间长度，一般精确到秒，用"s"表示简写。

⑤ 画面内容。画面内容是指当前镜头中需要拍摄或表现的具体内容。

⑥ 对白。对白是指当前镜头画面中所包含的对话、独白或旁白等人声。

⑦ 声音。声音是指当前镜头画面所需要的配乐和音效。

⑧ 备注。备注中用于填写其他需要补充的内容。

2.4.2　短视频脚本设计要点

短视频受时长限制，需要在短时间内将内容完整地呈现出来。因此，在设计脚本时，除了要考虑其合理性和实用性，还需注意以下3个设计要点。

① 设计短视频拍摄提纲时，搭建的框架模块要清晰，表达要简洁明了，只保留重点内容作为拍摄指引即可。

② 设计文学脚本时，需要设置拍摄地点，如室内、室外、影棚等。此外，还需要设计演员要呈现的具体内容。值得注意的是，设计呈现内容时不仅需要围绕主题，还需要加入槽点和互动点。

③ 设计分镜头脚本时，由于观众的观影注意力不仅受剧情吸引，还会受画面影响。因此，需要注意拍摄镜头的景别、构图和持续时间的合理性。

案例实战——《以为你请我喝》分镜头脚本设计

了解短视频剧本与脚本设计要点后，需要通过实践将知识运用到具体的案例中。以下是短视频《以为你请我喝》剧本。

《以为你请我喝》剧本

时间： 白天

人物： 小萝、男同事

场景： 办公室内

剧情：

中午午休时，办公室只有小萝和一位男同事。小萝从包里拿出一瓶可乐要喝，发现瓶盖太紧拧不开，无奈只好找同事帮忙拧开。于是小萝拿着可乐走到同事跟前。

小萝："你好！"

男同事的表情由疑惑变成惊讶，然后害羞地伸手拿过小萝手里的可乐。

男同事："谢谢。"

啪，打开，一口喝下去，整个动作干脆利落！

小萝惊呆了。

为了完整地呈现故事情节，并在短时间内抓住观众的眼球，根据剧本设计了该短视频的分镜头脚本，如表2-3所示。

表2-3　《以为你请我喝》分镜头脚本

镜号	景别	镜头运动	时长	画面内容	对白	声音	备注
1	全景	正面，固定	1 s	办公室里有一男一女在工作			
2	近景	侧面，固定	1.7 s	小萝拿起可乐使劲拧盖子			
3	特写	正面，推镜	4 s	拧了好多次拧不开			
4	中景	背面，跟镜	1 s	小萝拿着可乐走到男同事跟前		轻松背景音	
5	近景	斜侧，固定	4 s	男同事表情变换，接过可乐，打开，一口喝下去，整个动作干脆利落			
6	中景	正面，固定	1 s	小萝呆住			

优秀作品赏析

赏析一 《都什么身份啊？还敢玩老鹰捉小鸡！》剧本

扫一扫

优秀作品赏析一

　　某网络新锐导演创作的搞笑剧情短视频，每集均有笑点，深得观众青睐。下面首先欣赏短视频《都什么身份啊？还敢玩老鹰捉小鸡！》剧本，然后分析该剧本的特点。

《都什么身份啊？还敢玩老鹰捉小鸡！》剧本

时间：白天

人物：院长、主任、6个病人、2个护士

场景：院子里

剧情：

6个穿着医院病号服的人在玩老鹰抓小鸡的游戏。一名穿白大褂的主任走过来。

主任："停停停，干什么呢？"

穿病号服的众人停止了动作。

扮演老鹰的中年男子："主任，我们在玩老鹰抓小鸡。"

主任："胡闹，谁让你们玩的，不知道有多危险啊，如果演老鹰这个病人飞走了怎么办呢？谁负得了责？我怎么向院长交代这个事儿？"

远处院长穿着白大褂带着一群工作人员走来。两个护士拖着主任要将他带走。

两个护士："走！"

主任："干什么？干什么？院长这是干啥？"

院长："你真是个神经病啊，他们怎么飞得起来嘛，带主任去治疗。"

主任："不是，院长你听我说，院长。"

主任被带走。

院长："在精神病院住久了，主任都疯了。我连跑道都没给你修你怎么飞啊。等今后我把跑道给你们修好了，我带你们一块儿飞啊。"

穿病号服的众人："好！飞。"

院长："玩吧。"

扮演老鹰的中年男子："嘘，我抓小鸡给你吃，你喜欢黄焖的还是清汤的？"

院长："清汤的！玩吧玩吧，一群疯子，哈哈。"

穿病号服的众人继续玩耍。

该剧本主要讲述了发生在精神病院的一个日常小故事。故事一开始就直切主题，先是精神病院的主任用古怪的言辞跟病人讲道理，紧接着院长将主任抓去治疗，并感慨主任的不正常。随后院长的言辞也变得奇怪起来，原来他也不正常。创作者利用这种一波三折的讲解方式将故事叙述出来，不仅情节丰富有趣，其接连反转的剧情，更是让人忍俊不禁。

赏析二 《四季狮子头——不食江团，不知鱼味》分镜头脚本节选

扫一扫

优秀作品赏析二

某知名原创视频博主创作了很多优秀作品，下面以《四季狮子头——不食江团，不知鱼味》为例，先来欣赏其分镜头脚本节选（见表2-4），然后分析该分镜头脚本的特点。

表2-4 《四季狮子头——不食江团，不知鱼味》分镜头脚本节选

镜号	景别	镜头运动	时长	画面内容	对白	声音	备注
7	近景	从左至右摇镜	5 s	摆好的四季狮子头食材			
8	特写	推镜	5 s	热腾腾的狮子头作品			
9	近景	仰拍，从右至左移镜	4 s	阳光从树叶间透过来			
10	全景	俯拍，推镜	2 s	酒店		舒缓的背景音乐	
11	全景	俯拍，移镜	2 s	酒店旁的水池	常州人将传统的狮子头		
12	中景	平拍，从右至左移镜	2 s	厨师处理食材	搭配四季不同特色食材		
13	近景	平拍，从右至左移镜	2 s	文蛤特写	春有文蛤		
14	特写	平拍，从右至左移镜	2 s	鮰鱼特写	夏有鮰鱼		
15	特写	平拍，从右至左移镜	2 s	螃蟹特写	秋有蟹粉		
16	近景	平拍，从上至下移镜	2 s	冬笋特写	冬季冬笋		

由上述分镜头节选可以看出，这部短视频在描述美食时运用了大量的镜头切换来表现，这样可避免因重复的视觉效果让观众产生无聊感。同时，还采用了部分特写镜头展现美食特色，让观众近距离感受美食的诱惑。除此之外，还使用契合短视频风格和制作场景的背景音乐来丰富其视听感受。

短视频版权问题"短视"不得

近年来，随着国家相关法律法规逐步完善、监管部门打击侵权力度持续加大、全社会版权意识逐渐提高，侵权行为越来越难有生存空间。影视相关行业已经深刻认识到，影视版权规范化是大势所趋，影视类短视频创作应树立版权意识。

以抖音为代表的短视频平台正加大在这方面的技术投入，如利用区块链、人工智能等先进技术，对于明显侵权行为做到及时制止，精准打击。2021年上半年，抖音通过日常巡查与举报接诉，共回扫109.7万条短视频侵权线索，处理总数近75万条。

作为未来短视频行业的主力军，我们应紧跟时代，以法规、政策为指引，秉持对行业长远发展负责的态度，创作更多优秀的作品。

本章实训

参考短视频分镜头脚本的创作方法，根据提供的剧本《下回能不能到门外通知我一下》编写其分镜头脚本，具体格式可参考表2-5。

《下回能不能到门外通知我一下》剧本

时间： 白天

人物： 小明、老师、同学群演

场景： 教室

剧情：

老师在课堂上分发考试的试卷，小明考了零分，于是老师把小明叫到讲台。

（镜头转换）

老师当着全班同学的面说道："都看看，这就是平时精神力不集中，不好好听我讲课，考试竟然考了零分，大家要以此为鉴！"

小明委屈地说道："老师，啥时候考的试呀！下回能不能到门外通知我一下。"

全班哄笑，老师无语。

实训要求：① 编写分镜头脚本时需要注意拍摄的可行性。

② 镜头要丰富，时长安排要合理。

表 2-5 分镜头脚本模板

镜号	景别	镜头运动	时长	画面内容	对白	声音	备注

学习目标

- 了解拍摄短视频所需的摄像器材、照明设备和辅助设备。
- 掌握短视频常用画幅比、拍摄角度、景别及构图手法。
- 掌握短视频的镜头运用技巧和机位运用技巧。
- 熟悉短视频的照明技巧。
- 能够利用所学知识，使用抖音、美拍拍摄短视频。

素质目标

- 分析优秀短视频作品的拍摄手法，锻炼观察事物的能力。
- 感受中国传统饮食文化的博大精深，增强民族自豪感。

03 CHAPTER

短视频中期拍摄

章前导读

　　短视频中期拍摄是将前期构思转换成视频画面的过程。为了更好地呈现画面效果，本章首先向读者介绍短视频的拍摄装备、画面构图、拍摄技巧和照明技巧等相关知识，然后通过两个案例实战向读者展示使用手机拍摄短视频的方法。

3.1　短视频拍摄装备

工欲善其事，必先利其器。想要拍摄出优质的短视频，往往需要使用专业的拍摄装备。下面向大家介绍拍摄短视频常用的摄像器材、照明设备和辅助设备。

3.1.1　摄像器材

拍摄短视频常用的摄像器材有手机、相机、摄像机和无人机4种。创作者可以根据创作需求和自身资源进行选用。

（1）手机。手机是最常见、使用率最高的短视频摄像工具，其优点是便携，使用方法简单。目前，大部分手机的录制功能基本可以满足短视频的拍摄需求，拍摄完成后可直接使用手机上的相关App进行后期处理，制作完成后即可发布到网络平台，操作非常便捷。图3-1为手机摄像。

图3-1　手机摄像

📌 贴心提示

为了保证短视频的清晰度，所选手机的拍摄像素最好在800万以上。同时，在拍摄时还要将手机分辨率设为1080 P及以上，帧速率设为30 fps。

（2）数码相机。数码相机体积小、易上手、反应速度快，能够根据不同画面需求更换镜头，在长焦拍摄领域有明显优势，如图3-2所示。相比手机而言，数码相机画质更高，且兼具易操作性和便携性，适合拍摄较为专业的短视频。

（3）摄像机。摄像机是专业的摄像设备，其优势是可操控性强，具有强变焦功能等，适宜较长时间的拍摄工作，是很多资金充足专业团队的首选，如图3-3所示。

图3-2　数码相机

图3-3　摄像机

（4）无人机。无人机是一种利用无线电遥控设备进行控制的不载人飞行器，由于其体积小、动作灵活，且稳定性好、安全性强，常用于辅助摄像师进行高空摄像，拍摄自然风光、环境展示等画面。图3-4为无人机及其拍摄的风景。

图3-4　无人机及其拍摄的风景

3.1.2　照明设备

照明效果不仅会影响拍摄画面的明暗和氛围，还会影响被摄对象的结构和形态等。为保证短视频的整体质量，需使用LED灯、柔光灯罩、灯架和反光板等照明设备辅助拍摄。

（1）LED灯。LED灯是拍摄短视频时最为常用的一种灯具，具有安全稳定、高效可靠、操作灵活等特点。LED灯的样式多种多样，创作者可根据具体拍摄需求选择不同的LED灯。例如，使用手机拍摄时可选择环形LED灯进行打光，光线自然、使用方便（见图3-5）；使用摄像机进行现场拍摄时可选择LED摄像灯进行打光，这种灯可组装在机身上进行移动拍摄（见图3-6）；如果团队预算较高，可以配置专业的LED影视灯（见图3-7）。

图3-5　环形LED灯　　　　图3-6　LED摄像灯　　　　图3-7　LED影视灯

（2）柔光灯罩。柔光灯罩是照明灯具的附件，一般采用反光材料制作而成，可扩散普通光源，使其成为漫射光，从而扩大光源的照射范围，避免阴影产生，如图3-8所示。

（3）灯架。灯架用来固定灯具和柔光灯罩，使其保持平衡，并辅助调节照明的高度和角度。图3-9为灯架。

（4）反光板。反光板是拍摄时使用的照明辅助设备，如图3-10所示。其作用是补光，利用反光板反射光线可使平淡的画面变得饱满，还能使画面中的细节部位变得更清晰，突出被摄主体。

图3-8　柔光灯罩　　　　图3-9　灯架　　　　图3-10　反光板

3.1.3　辅助设备

拍摄短视频除了需要最基本的摄像器材和照明设备以外，还需要录音设备和稳定设备辅助拍摄。

1. 录音设备

拍摄短视频时一般需要将声音同步录制进去，为了更好地采集符合制作需求的声音，往往需要使用枪型麦克风、无线麦克风和手机录音软件等辅助录音。

（1）枪形麦克风。枪形麦克风又称枪形话筒，是一种常见的录音设备，如图3-11所示。此类设备具有消除杂音、指向性录音等功能，常用于户外拍摄收音。

（2）无线麦克风。无线麦克风又称小蜜蜂，是一种可随身携带的微型录音设备，如图3-12所示。当拍摄主体远离镜头时，使用此类设备辅助收音，可以降低周围的干扰声，常用于采访类短视频拍摄收音。

（3）手机录音软件。手机录音软件是手机中附带的声音录制功能，拍摄时可利用手机录音软件辅助现场录音，如图3-13所示。

图3-11　枪形麦克风

图3-12　无线麦克风

图3-13　手机录音软件

 知识拓展

录音技巧

① 录制声音时，确保录音设备朝向演员。

② 录音设备要尽量靠近声源位置。需要注意的是，不要让录音设备进入到取景的画面中。

③ 在条件允许的情况下，尽量将声音和画面分开录制。

2. 稳定设备

拍摄短视频时直接手持摄像器材进行拍摄很难保持平稳，因而需要使用稳定设备辅助拍摄。下面介绍7种常用的稳定设备，创作者可以根据拍摄需求选用。

（1）手持稳定器。手持稳定器是用来固定相机或手机的支撑设备，可有效防抖，辅助相机或手机拍出流畅、平稳的运动镜头，如图3-14所示。

图3-14　手持稳定器

（2）脚架。脚架是用来固定摄像器材的稳定设备。使用脚架可让相机、摄像机和手机保持平衡，避免因机器不稳而致使画面模糊，如图3-15所示。

（3）自拍杆。自拍杆是风靡世界的自拍神器。创作者不仅可将手机或相机固定在自拍杆上以助其稳定，还能在一定范围内任意调节其长短，以此控制拍摄范围，如图3-16所示。

图3-15　脚架　　　　　　　　　　　　　　　　　　图3-16　自拍杆

（4）滑轨。滑轨是一种专门用于辅助拍摄运动镜头的稳定设备，其作用是使摄像器材在一定的运动轨迹上拍摄出稳定的运动画面，如图3-17所示。

（5）轨道与轨道车。轨道与轨道车是一种用于拍摄运动镜头的稳定设备，与滑轨类似。两者的不同之处在于，轨道是铺设在地面上的，且在使用时需与轨道车配合使用，如图3-18所示。另外，在铺设轨道时应选择坚实、平稳的地面，避免地面坑洼不平影响拍摄效果。

（6）斯坦尼康。斯坦尼康是一种可移动的摄像机减震防抖装置，它通过减震臂将摄像机和摄像师的身体连接起来，以此减弱摄像师在移动过程中所带来的震动，使拍摄出来的画面更稳定，如图3-19所示。

（7）摇臂。摇臂是一种摄像机承托设备。摄像师将摄像机固定在摇臂顶端，通过控制摇臂的运动（水平或升降）来拍摄不同角度的画面，常用于拍摄运动镜头，如图3-20所示。

图3-17 滑轨

图3-18 轨道与轨道车

图3-19 斯坦尼康

图3-20 摇臂

3.2 短视频画面构图

画面构图是指镜头画面的布局和结构。短视频画面构图往往要考虑画幅比、拍摄角度、景别运用及构图手法等因素，接下来将对此进行详细讲解。

3.2.1 常用画幅比

画幅比即画幅比例，是用来描述短视频画面宽度与高度的一组对比数值。目前，电视剧大多采用4：3的画幅比来拍摄，电影多是采用16：9画幅比。除此之外，还有一些常用的画幅比，如1：1和2.35：1等。短视频受传播媒介影响，其常用画幅比有9：16和16：9两种。

（1）9：16画幅比。9：16的画幅比适合制作内容少、时长短、能快速浏览切换的短视频。此类短视频常在以竖屏为浏览习惯的平台上传播。例如，快手、抖音等平台上的短视频大部分是以9：16的画幅比拍摄，如图3-21所示。

（2）16：9画幅比。16：9的画幅比适合制作时间较长、内容丰富的短视频。此类短视频常在以横屏观看为习惯的平台上传播。例如，淘宝、西瓜视频、哔哩哔哩等平台上的短视频大部分是以16：9的画幅比拍摄，如图3-22所示。

图3-21　9：16画幅比　　　　　　　　　　图3-22　16：9画幅比

 贴心提示

淘宝商品短视频常见的画幅比还有1：1和3：4。

3.2.2　拍摄角度

拍摄角度是指摄像师在拍摄时所选择的拍摄高度和拍摄方向。拍摄角度会直接影响画面的整体构图、光影关系、位置关系和情感倾向。

1．拍摄高度

拍摄高度是指摄像机与被摄对象之间的垂直高度，包括平拍、仰拍和俯拍3种类型。

（1）平拍。平拍是将摄像机与被摄对象放在同一水平线上进行拍摄。这种拍摄高度基本与人眼视角相同，被摄对象不易变形，给人真实、自然的感觉，如图3-23所示。

图3-23　平拍镜头

（2）仰拍。仰拍是将摄像机置于被摄对象水平线下方进行拍摄。这种拍摄高度在构图上能有效地突出画面中的被摄主体，净化环境和背景，如图3-24所示。

（3）俯拍。俯拍是将摄像机置于被摄对象水平线上方进行拍摄。这种拍摄高度能非常直观地展示被拍摄对象之间的位置关系，如图3-25所示。

图3-24　仰拍镜头　　　　　　　　　　图3-25　俯拍镜头

2. 拍摄方向

拍摄方向是指以被摄对象为中心，环绕360°选择拍摄点，主要包括正面拍摄、侧面拍摄和背面拍摄3种。

（1）**正面拍摄**。正面拍摄是指摄像机在被摄对象正前方进行拍摄。采用这种拍摄方向能够更直观地呈现被摄对象的外貌和形态特征，如图3-26所示。

图3-26　正面拍摄

（2）侧面拍摄。侧面拍摄包括正侧面拍摄和斜侧面拍摄两种情况。其中，正侧面拍摄是指摄像机在被摄对象的正左侧或正右侧进行拍摄，采用这种拍摄方向有利于呈现被摄对象的外部立体轮廓，如图3-27所示。

斜侧面拍摄是指在被摄对象的正面、正侧面和背面以外的其他任意方向进行拍摄。采用这种拍摄方向不仅能丰富镜头画面、多面展示被摄对象，还能体现较强的空间感，如图3-28所示。

图3-27 正侧面拍摄

图3-28 斜侧面拍摄

（3）背面拍摄。背面拍摄是指从被摄对象的正后方进行拍摄。采用这种拍摄方向能展示被摄对象所处环境，增强观众的参与感，如图3-29所示。

图3-29 背面拍摄

 知识拓展

拍摄的心理角度

拍摄高度和拍摄方向是从物理角度定义摄像机的摆放位置，除此之外，还有一种心理角度。心理角度是从心理层面把拍摄角度作为拍摄视点的体现，分为主观视角和客观视角。

（1）主观视角。主观视角即主观镜头，是将摄像机置于影片中某个人物的视点上，以该人物的视觉感受向观众交代或展示景物。主观视角常用来表现特定人物的特定感受，带有强烈的主观色彩，如图3-30所示。

（2）客观视角。客观视角是将摄像机置于客观的拍摄位置，以客观的角度来叙述和表现内容。客观视角常用来展示情节的发展，呈现的画面客观、公正，如图3-31所示。

图3-30 主观视角

图3-31 客观视角

3.2.3 景别运用

景别是指由于摄像机与被摄对象之间的距离不同，而造成被摄对象在画面中所呈现出的不同范围和大小。景别一般可分为远景、全景、中景、近景、特写5种。

（1）远景。远景是摄像机摄取远距离景物或人物的画面，属于景别中视距最远、表现空间范围最大的一种景别，通常用于拍摄外景或展示环境。远景强调环境与人、物之间的相关性、共存性，以及人、物存在于环境中的合理性。当用于表现人物时，远景中的人物高度通常不会超过画面高度的二分之一，如图3-32所示。

比远景更远的是大远景，大远景一般用来表达广阔的大场景，主体处于画面空间的远处，与镜头中包含的其他环境因素相比极其渺小，甚至主体会被前景对象所遮蔽，如图3-33所示。这类画面多以景为主，通常使用无人机拍摄，以获取足够大的范围。

图3-32 远景

图3-33 大远景

（2）全景。全景是摄像机摄取被摄对象全貌的一种景别，常用于表现被摄对象与环境之间的关系，在侧重于叙事或表现情节的短视频中使用较多。拍摄全景画面时，被摄对象应尽量避免占据整个画面，构图时需在画面上下位置留有一定的空间，如图3-34所示。

图3-34 全景

（3）中景。中景指摄像机拍摄画面不会包含被摄对象的全部，但表现了被摄对象一半以上的主要部分的一种景别。中景既有利于看清被摄对象的动作，又清晰地交代了被摄对象与周围环境之间的关系，如图3-35所示。

贴心提示

由于短视频播放设备的屏幕一般较小，使用远景和全景拍摄主体无法表现其效果，视觉观感不强烈，中景则适合展示细节，因此中景常用于交代环境和被摄对象的动作路线，在剧情类短视频的拍摄中常用来叙述剧情。

（4）近景。相比中景而言，近景的取景范围更小，以拍摄被摄对象局部画面为主，主体物在取景画面中所占比例较大。近景因其细节表现能力强，在拍摄短视频时应用频率较高。例如，拍摄动物的头部时使用近景表现，能够重点突出被摄对象的表情，如图3-36所示。

图3-35 中景

图3-36 近景

（5）特写。特写相对近景能更强烈、醒目地展示被摄对象的细节，拍摄时的视角小、视距近，通常用于展现被摄对象的线条、质感、色彩等特征，如图3-37所示。

当镜头继续向被摄对象推近后，画面将重点呈现被摄对象的某一局部，此时的景别被称为大特写，也叫细节特写。大特写的作用与特写一样，但其画面相对特写而言视觉冲击力更强，如图3-38所示。

图3-37 特写

图3-38 大特写

3.2.4　构图手法

构图是短视频画面节奏和韵律的体现。下面向读者介绍3种常见的构图手法，分别是线条构图法、几何图形构图法和平衡构图法。

1．线条构图法

线条构图法是利用线条完成画面构图的一种方法，主要包括水平线构图、垂直线构图、斜线构图、S线构图4种类型。

（1）水平线构图。水平线构图是指拍摄时利用一条穿过画面的水平线进行构图，以使整个画面看起来更为宽广、平稳。这种构图方法在短视频中较为常见，往往用来展示平静、安宁、稳定的场景，如水面、平川等，如图3-39所示。

（2）垂直线构图。垂直线构图是利用垂直于画面的直线元素进行构图，能够突出被摄物的形态特征。这种构图一般用于展示场景，会给观众带来挺拔、秩序、稳定等感觉。例如，拍摄摩天大楼、参天大树、枝条藤蔓等长条形物体时，经常会使用这种构图，如图3-40所示。

图3-39　水平线构图　　　　　　　　图3-40　垂直线构图

（3）斜线构图。斜线构图是指主体物在画面中呈倾斜角度进行展示的构图。这种构图采用打破常规的视角，不仅能丰富镜头语言，还让画面更加充实、饱满，如图3-41所示。

（4）S线构图。S线构图是指拍摄画面中的对象呈S形曲线展现，从前景向中景和后景延伸，以此增强画面纵深方向的空间感。这种构图让画面独具韵律感，显得优美、雅致、协调，如图3-42所示。

图3-41　斜线构图　　　　　　　　图3-42　S线构图

2．几何图形构图法

（1）**三角形构图**。三角形构图是指被摄对象的位置或形体在画面中呈三角状。这种构图具有安定、均衡又不失灵活等特点，如图3-43所示。

（2）**圆形构图**。圆形构图是将被摄对象集中在画面中间，其圆心位置放置的对象就是整个画面的视觉中心。这种构图通常会给人视觉收紧、突出中心的感觉，可使画面更饱满，如图3-44所示。

图3-43　三角形构图　　　　　　　　图3-44　圆形构图

（3）**矩形构图**。矩形构图是将画面中的物体均衡地铺排在矩形范围内。这种构图具有统一、均衡的作用，能突出画面的安静、平稳、和谐。矩形构图一般会利用门框、窗户等来辅助构图，如图3-45所示。

图3-45　矩形构图

3．平衡构图法

（1）**中心式构图**。中心式构图是将拍摄主体放到画面中间，达到突出主体、平衡画面的目的，如图3-46所示。

（2）**对称式构图**。对称式构图是利用对称轴或对称中心将画面均衡分割，形成平衡、稳定的构图效果，如图3-47所示。需要注意的是，对称式构图并不讲究完全对称，画面形式上对称即可。

图3-46　中心式构图

图3-47　对称式构图

（3）**九宫格构图**。九宫格构图是利用4条黄金分割线将画面平均分成9等份，其中4个交叉点又称黄金分割点，是放置主体的最佳位置。这种构图可以让观众的视线集中在拍摄主体上。例如，猫咪卷起舌头的一瞬间是画面的亮点，将其放置在左下角的黄金分割点上能够瞬间抓住观众视线，如图3-48所示。

（4）**三分法构图**。三分法构图是将画面沿水平或垂直方向分成3等份，每一份的中心都可放置被摄对象。此外，三分法构图的分割线通常就是视觉的趣味中心，将画面中的重要元素安排在分割线上可使构图更生动。例如，将猫的头放置在分割线上，能够生动地展示其有趣的表情，如图3-49所示。

图3-48　九宫格构图

图3-49　三分法构图

3.3　短视频拍摄技巧

拍摄短视频时需要具备一定的镜头运用技巧和机位运用技巧，才能拍摄出专业、优质的画面效果，接下来对此进行详细讲解。

3.3.1　镜头运用技巧

1. 固定镜头和运动镜头

根据拍摄时镜头是否运动，可将镜头分为固定镜头和运动镜头。

（1）**固定镜头**。固定镜头是指摄像机的位置和焦距均固定不变拍摄出的镜头画面。固定镜头有两大特点：① 简单稳定，用固定镜头拍摄操作简单，且画面视点稳定，比较接近人们日常生活中的视觉感受；② 范围局限，固定镜头的拍摄范围固定，没有太多延展性。

根据固定镜头的特点可知，固定镜头拍摄完全静止的内容时会使画面显得生硬呆板，所以使用固定镜头拍摄时，被摄对象最好是运动状态，使画面能够静中取动。

（2）运动镜头。运动镜头又称移动镜头，是通过移动摄像机位或改变镜头焦距拍摄出的镜头画面，根据摄像机的运动形式不同可分为推镜头、拉镜头、摇镜头、移镜头、跟镜头、甩镜头等。

① 推镜头。推镜头指摄像机不断接近被摄对象，拍摄范围从大到小，被摄对象从小到大的一种运动镜头，常用于强调被摄主体，突出视觉焦点，如图3-50所示。

图3-50　推镜头

② 拉镜头。拉镜头与推镜头刚好相反，指摄像机不断远离被摄对象，拍摄范围由小变大，被摄对象由大变小，以此体现被摄对象与环境之间的关系，能更全面地展示周围环境，如图3-51所示。

图3-51　拉镜头

③ 摇镜头。摇镜头指摄像机机位不动，以三角架上的活动底盘或拍摄者自身为支点，摇转摄像机机身使其上下左右运动拍摄的镜头。摇镜头拍摄范围灵活，常用于展示环境和被摄主体的全貌，如图3-52所示。

图3-52　摇镜头

④ **移镜头**。移镜头指摄像机按一定运动轨迹，沿水平或垂直方向进行镜头拍摄。移镜头画面具有流动感，给人置身其中进行巡视、参观的感觉，如图3-53所示。

图3-53 移镜头

⑤ **跟镜头**。跟镜头又称跟摄，指摄像机跟随被摄对象进行运动拍摄。跟镜头呈现出强烈的主观视角，常用于跟踪、追随等情景，如图3-54所示。

图3-54 跟镜头

⑥ **甩镜头**。甩镜头指一个画面结束后不停机，镜头急速"摇转"向另一个方向，从而改变镜头的画面内容。甩镜头有两种形式，一种是在同一个场景里使用甩镜头切换画面内容；另一种是使用甩镜头切换到不同场景。例如。摄像师利用甩镜头将画面从小男孩快速切换到高楼大厦，如图3-55所示。

图3-55 甩镜头

贴心提示

　　运动镜头的运用应该根据内容的需求进行安排，切勿随意滥用，使得画面缺乏稳定，显得华而不实。

2. 升格镜头和降格镜头

　　（1）**升格镜头**。升格镜头又称高速摄影，是利用高帧速率拍摄画面的一种技术手段。

正常情况下，短视频使用24 fps的帧速率拍摄，升格镜头则会采用高于24 fps的帧速率进行拍摄，如100 fps，这样拍摄出来的画面正常播放时速度会变慢，形成慢动作效果。升格镜头适用于故事发生的精彩瞬间或需要突出表现的某个时刻，如图3-56所示。

图3-56　升格镜头

知识拓展

　　FPS是Frames Per Second的缩写，又称帧速率，指每秒所显示的静止帧格数，常用"帧/秒（fps）"来表示。通常短视频的帧速率为24 fps。

　　（2）降格镜头。降格镜头又称低速摄影或延时摄影，它与升格镜头刚好相反，是使用低于24 fps的帧速率拍摄画面，其实质是采用较长的拍摄时间来获取镜头段落，然后将其压缩至很短的时间内播放。降格镜头适用于拍摄时间冗长且内容变换不明显的镜头，如长时间录制的花开的过程，可以在几秒内呈现出来，如图3-57所示。

图3-57　降格镜头

贴心提示

　　升格镜头与降格镜头不适合用于声画同步的镜头中。这是由于视频帧速率改变后，声音也会发生变调。如果需要为其匹配声音，可单独录制音频后，再与画面进行后期合成。

3.3.2 机位运用技巧

机位指摄像机的摆放位置。电影、电视剧制作规模大，拍摄机位一般有多个，而短视频投资少、规模小，大多只使用一个机位，少数情况下会使用两个或多个机位同步拍摄。短视频选择的机位数量主要由拍摄内容、投入资金等因素决定，需要创作者灵活选择和运用。

（1）单机位。单机位是指利用一台摄像机进行拍摄。拍摄一般的短视频使用单机位即可满足需求。其优点是布置简单、成本低廉；缺点是镜头单调、角度单一。这种拍摄方式操作难度低，一个人即可完成拍摄工作，如图3-58所示。

（2）双机位。双机位即使用两台摄像机同步进行拍摄，常用于剧情类短视频的拍摄。使用双机位拍摄时需先确定主机位，然后运用双机位同步设计场景中的人物对话和人物动作，可以从多角度、多景别进行拍摄，让画面更加丰富。需要注意的是，这种机位运用要求较高，投入成本较大，需要有专业的团队合作完成，如图3-59所示。

图3-58　单机位拍摄

图3-59　双机位拍摄

3.4　短视频照明技巧

照明是保障短视频画面质量的重要因素。下面通过讲解光度、光位、光质、光型和光色，了解照明对现场拍摄的作用和影响。

1．调节光度

光度即光源的强度。在现场拍摄时，掌握好光度能更好地表现被摄对象的影调、色彩和反差效果，如图3-60所示。被摄对象的光度由照明的光源强度控制，还与摄像机的曝光值密切相关。为了完整地呈现短视频画面色彩，拍摄时的辅助灯光强度应该适中，摄像机的曝光值应调节到合适的数值。

2．决定光位

光位即光的方位，是指光源位置与拍摄方向（即摄像机机位）之间所形成的照射角度，主要可分为顺光、前侧光、侧光、后侧光、逆光、顶光和底光7种类型，如图3-61所示。不同光位能给被摄对象营造不同的视觉效果，创作者需了解不同光位的特点并对其进行灵活运用。目前，拍摄短视频时最常用的就是顺光，其他光位可根据短视频拍摄需求来决定。

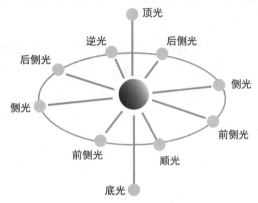

图3-60 合适的光度效果　　　　　　　　　　图3-61 光位图

3. 选择光质

光质是指拍摄时所用光线的软硬性质，可分为硬质光和软质光两种类型。

（1）硬质光。硬质光是强烈的直射光，如晴天的阳光、聚光灯等。使用硬质光照明会使被摄对象阴影清晰，明暗对比强烈，有助于表现被摄对象受光面的细节及质感，造成有力度、鲜活的视觉效果，如图3-62所示。

（2）软质光。软质光是一种漫散射性质的光，没有明确的方向性，在被照物上不留明显的阴影，如泛光灯光源等。使用软质光照明，被摄对象明暗反差小，轮廓感和质感较弱，画面显得柔和，如图3-63所示。

图3-62 硬质光效果　　　　　　　　　　图3-63 软质光效果

4. 合理使用光型

光型是指根据各种光线在拍摄时的作用所分的类型，主要有主光、辅光、修饰光、轮廓光和背景光5种，创作者可以根据短视频的拍摄需求合理安排使用。

（1）主光。主光又称塑形光，是用来显示景物、表现质感、塑造形象的主要光线。

（2）辅光。辅光又称补光，其作用是提高阴影面亮度，表现阴影细节，减小影像反差。拍摄短视频时常使用反光板来辅助补光。

（3）修饰光。修饰光又称装饰光，是为被摄对象局部添加的强化塑形光线，如眼神光、工艺首饰的耀斑光等。修饰光主要用于珠宝首饰等需要闪光质感的商品短视频拍摄中。

（4）轮廓光。轮廓光是辅助勾勒被摄对象轮廓的光线，用以突出被摄对象的形态。逆光、侧逆光通常都用作轮廓光。

（5）背景光。背景光是照明被摄对象周围环境及背景的光线，其作用是烘托画面主体、营造氛围、丰富画面等。

5. 灵活运用光色

光色指光的颜色，又称光温，其作用是决定拍摄画面的冷暖色调。在短视频拍摄过程中合理运用光色，能渲染画面氛围，激发情感上的联想。

（1）冷色光。冷色光是颜色偏冷色调的光，如绿色光、蓝色光、紫色光等，其作用是营造寂静、落寞、清冷的环境氛围，如图3-64所示。

图3-64　冷色光画面

（2）暖色光。暖色光是颜色偏暖色调的光，如红色光、橙色光等。其作用是渲染温暖、热闹、安心的氛围，如图3-65所示。

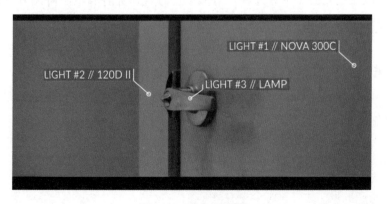

图3-65　暖色光画面

案例实战1——使用抖音拍摄《以为你请我喝》

扫一扫

拍摄《以为你请
我喝》

案例说明

抖音是一款短视频社交软件，具有拍摄、编辑和共享短视频的功能，是短视频传播的主要平台之一。抖音拍摄功能齐全，创作者可利用分段拍摄功能轻松实现不同场景的拍摄，并且在拍摄过程中还可以调节速度、添加道具，实现各种有趣的画面效果。

本案例便使用抖音（版本version 12.9.0）拍摄第2章编写的分镜头脚本《以为你请我喝》。具体操作过程是，首先使用分段拍摄功能将脚本中的每一个镜头记录下来，并在拍摄过程中根据情节需要利用快慢速功能调节部分镜头的帧速率，然后使用道具增强画面的戏剧效果。

案例步骤

1. 分段拍摄

抖音拍摄有"快拍"和"分段拍"两种模式。"快拍"模式适合拍摄情节简单不需要转场的内容；"分段拍"模式适合拍摄情节相对复杂、有分镜头和需要转场的内容。《以为你请我喝》是有分镜头的搞笑剧情类短视频，适合分段拍摄，下面是具体的操作步骤。

步骤1　安排演员就位后，打开抖音App，单击屏幕正下方的"创建"按钮 ➕ 进入操作界面如图3-66所示。

步骤2　在操作界面正下方选择"分段拍"模式，并将拍摄时间设为60秒，然后单击"拍摄"按钮 ⬤ ，如图3-67所示。

步骤3　拍摄第1个镜头时，使用固定的全景镜头交代地点和人物。确定需要的画面拍摄完成后，单击"暂停"按钮 ⬛ ，即可完成该镜头拍摄。

步骤4　再次单击"拍摄"按钮 ⬤ ，开始拍摄第2个镜头，该镜头使用近景描述女主小萝的动作，如图3-68所示。

图3-66 创建　　　　　　　图3-67 设置拍摄模式　　　　　图3-68 拍摄第2个镜头

　知识拓展

　　如果拍摄的镜头出现失误，画面不满足要求的话，可以单击"取消"按钮▣，删除此段，重新拍摄。

2．调节速度

　　抖音中的"快慢速"功能下有标准、慢、极慢、快、极快5个等级模式，创作者可利用不同模式拍摄出不同帧速率的镜头画面，以丰富短视频的整体节奏。

　　步骤1　单击屏幕右上方"快慢速"按钮▣，在打开的速度面板中选择"快"模式，然后用特写镜头拍摄小萝开瓶盖开得很困难的过程作为第3个镜头，如图3-69所示。

　贴心提示

　　由于反复拧瓶盖的过程时间较长，使用"快"模式拍摄该镜头可以压缩时长，使镜头整体节奏更协调。后面的拍摄都使用这个模式。

　　步骤2　跟拍小萝拿着可乐起身走向男同事作为第4个镜头，如图3-70所示。
　　步骤3　拍摄男同事从惊讶到开心并拧开瓶盖喝可乐的近景作为第5个镜头，如图3-71所示。

图3-69　拍摄第3个镜头　　　　图3-70　拍摄第4个镜头　　　　图3-71　拍摄第5个镜头

贴心提示

由于抖音最多只有60秒的拍摄时间，在"慢"和"极慢"模式下拍摄时，可供创作者使用的拍摄时间会变短，使用"快"和"极快"模式则相反。创作者要注意拍摄时间。

3. 使用道具

抖音中的道具功能很强大，道具库中包含大量素材，有恶搞搞笑、唯美艺术等多种类型，创作者可使用道具增强画面趣味性，营造不同的情景氛围。

步骤1　单击操作界面左下角的"道具"按钮，打开道具库，在道具库中选择"变形"进入变形道具选择面板，在该面板下选择"吃惊"表情道具🔲，这时只需要演员张嘴，即可套用吃惊的表情道具，如图3-72所示。

知识拓展

常用的表情包可以收藏起来，以便下次使用。收藏表情包的方法是，首先单击"道具"按钮，在道具库中选中想要收藏的道具，然后单击"收藏"按钮⭐即可将其加入收藏夹。

步骤2　所有镜头拍摄完成后，依次单击"确认"按钮✅和"下一步"按钮，进入"发布"界面。在"发布"界面中勾选"保存本地"复选框，然后单击"草稿"按钮将其存为草稿，以便后续进行后期处理，如图3-73所示。

图3-72 套用吃惊道具

图3-73 存为草稿

贴心提示

想要找到草稿箱里的作品进行后期处理，可先单击屏幕右下角的"我"进入个人资料界面，在"作品"面板中可以找到存为草稿的视频素材。

案例实战2——使用美拍拍摄《最喜欢的单品》

案例说明

美拍是一款可以拍摄和制作短视频的备受年轻人喜爱的软件，创作者使用该软件拍摄短视频时可以添加边框、应用滤镜等。本案例便使用美拍（版本V9.3.500）拍摄短视频《最喜欢的单品》。

《最喜欢的单品》以耳机为展示主题，在拍摄时首先设置具有特色的边框，然后设置创意拍摄，最后使用滤镜丰富画面。

◆扫一扫◆

拍摄《最喜欢的单品》

案例步骤

1．设置边框

拍摄之前需根据短视频的类型和用途设置边框。本案例需要打造创作者的个人风格，因此选择打破常规的圆角矩形边框进行拍摄，具体操作如下。

<u>步骤1</u>　启动美拍，单击屏幕正下方的➕按钮（见图3-74），进入拍摄界面，如图3-75所示。

<u>步骤2</u>　在拍摄界面中单击"道具"按钮，打开道具库，在道具库中选择"边框"进入边框道具选择面板，在该面板下选择第1个边框样式（见图3-76），然后单击拍摄区域取消显示边框道具选择面板，返回拍摄状态。

图3-74　启动界面

图3-75　拍摄界面

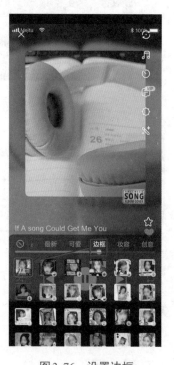
图3-76　设置边框

<u>步骤3</u>　单击拍摄界面正下方的⦿按钮（此后按钮显示为◉）进入拍摄环节，使用拉镜头拍摄耳机的全貌作为第1个镜头，此时◉按钮周围显示时间进度条，单击◉按钮可停止录制，如图3-77所示。需要注意的是，如果对拍摄的效果不满意，可以单击◉按钮下方的"回删"按钮✖，此时时间进度条上要删除片段的时间条会闪烁，再次单击"回删"按钮✖将其删除。

<u>步骤4</u>　采用步骤3的方法，使用全景拍摄第2个镜头，拍摄时使用摇镜头展示耳机的全貌，如图3-78所示。

2. 设置创意拍摄

为了突出个人风格，设置创意拍摄，具体操作如下。

步骤1 在拍摄界面中单击"道具"按钮，打开道具库，在道具库中选择"创意"进入创意道具选择面板，在该面板下选择第3个创意样式（见图3-79），然后单击拍摄区域取消显示创意道具选择面板，返回拍摄状态，同时切换该创意的样式。需要注意的是，选择创意样式后，屏幕中间显示"点击屏幕，可以切换～"，单击屏幕时会在返回拍摄状态的同时切换创意的样式，此处我们使用切换后的创意样式。

图3-77 拍摄第1个镜头

图3-78 拍摄第2个镜头

图3-79 设置创意

步骤2 采用"1. 设置边框"中步骤3的方法，使用近景移镜头拍摄耳机的细节作为第3个镜头，如图3-80所示。

3. 使用滤镜

使用滤镜可以调节画面色彩，加强画面的个人风格。下面使用美拍中的滤镜拍摄一段画面，具体操作如下。

步骤1 单击"滤镜"按钮，打开滤镜库，在滤镜库中选择"爱丽丝"滤镜（见图3-81），然后单击拍摄区域取消显示滤镜库，返回拍摄状态，最后再次单击屏幕，以保持创意样式与之前相同。

步骤2 采用"1. 设置边框"中步骤3的方法，使用推镜头拍摄耳机的全貌作为第4个镜头，如图3-82所示。

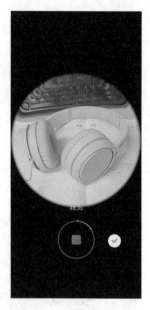

图3-80　拍摄第3个镜头　　　　图3-81　设置滤镜　　　　图3-82　拍摄第4个镜头

贴心提示

　　选择滤镜时，一般风格十分明确的情况下可直接选用相关风格的滤镜。如果还没有明确风格或不确定滤镜的效果，可以使用原色拍摄，这样的话后期处理时会有更多选择和编辑的空间。

　　<u>步骤3</u>　拍摄完成后，单击拍摄界面右下角的✅按钮进入"视频剪辑"界面（可以对视频进行后期处理）。如果不需要对视频进行后期处理，可以单击"视频剪辑"界面右上角的"下一步"按钮，在进入的"发布"界面中选择发布视频或将视频存为草稿。

优秀作品赏析

　　《骑马踏青，取花为食，才不辜负春日好时节——上巳节》是某短视频创作者于2020年4月发布的短视频，描述了少女和奶奶在春暖花开的时节，以花为原料制作春日美食的生活日常。

扫一扫

优秀作品赏析

　　该短视频角度多样、景别丰富、构图合理，表现了其专业的拍摄水平。创作者先是多次使用近景镜头描绘鲜花制作美食的细节，让观众感受其中细腻的感情，然后多次使用几何形构图手法，营造合理的画面。例如，将食物以稳定的三角形展现出来，突出了以花为中心的视觉焦点，如图3-83所示。又如，在制作完成时，将镜头切换到全景，向观众展示这一份慢慢得来的美好，利用斜线构图让颜色艳丽的食物填满了整个画面，使成品得到了充分展示，如图3-84所示。

图3-83　制作过程图

图3-84　美食成品图

探究美食视频博主的拍摄之道

　　2021年9月9日，某知名美食视频博主花了整整一个夏天，翻遍古籍，做了一桌从山水画中"走"出来的古风美食（见图3-85），黄瓜咏竹、金齑玉脍、晾衣白肉、槐叶冷淘、灯影牛肉、开水白菜、莲花酥……还原了一千年前中国菜的样貌。这些菜造型优美、装饰考究、古朴典雅，一经亮相，就引发众多网友围观，并获得众口一词地赞叹：中国传统饮食文化博大精深！

　　整段视频采用多元化的拍摄手法，让观众仿佛置身现场，获得了沉浸式的观赏体验。例如，博主拍摄每道菜的制作过程及成品展示都会采用平摄与俯摄交替，特写、近景、中景与全景切换的拍摄手法（见图3-86），既清晰展示了食材和制作工艺，又完美表现了菜品"颜值"。另外，该视频采用2.35∶1的画幅比，让画面拥有电影般的效果，给观众带来极大的视觉震撼。

图3-85　古风美食

图3-86　平摄开水白菜特写和俯摄开水白菜全景

本章实训

　　使用抖音或美拍，并结合本章所学的拍摄相关知识，将第2章设计的分镜头脚本《下回能不能到门外通知我一下》拍摄成短视频。

　　提示：

　　① 设置分段拍摄模式，以便拍摄分镜画面。

　　② 选择合适的画幅比进行拍摄，打造个人特色。

　　③ 巧用滤镜、道具等元素进行拍摄，让视频画面更加生动、有趣。

学习目标

- 了解常用的短视频App。
- 掌握制作短视频时常用的流行元素。
- 能够灵活利用所学知识，使用抖音、
  美拍、Quik、花瓣剪辑处理短视频。

素质目标

- 体验科技带来的便捷性，感受"科技
  改变生活"。
- 感受无私奉献精神，增强社会责任感。

移动端短视频后期处理

章前导读

　　使用手机拍摄短视频后可直接利用相关短视频App进行后期处理，内容包括素材剪辑，添加滤镜、特效、字幕、背景音乐等。本章首先为读者介绍常用的短视频App及短视频中常用的流行元素，然后通过4个案例实战，讲解使用不同短视频App进行后期处理的方法。

4.1 常用短视频App

常用短视频App有很多种，根据其功能和特点不同，大致可分为社交创作类和专业创作类两种。下面简单介绍各类型中比较具有代表性的短视频App，创作者可根据需求灵活选用。

4.1.1 社交创作类

社交创作类短视频App一般同时具备短视频创作功能和社交功能，即用户可以使用该类软件拍摄、编辑短视频，并将作品直接上传至平台以供观众观看、评论。常见的社交创作类短视频App有抖音、快手、秒拍、美拍、腾讯微视、小影6种。

（1）抖音。抖音是一款音乐创意短视频社交软件（见图4-1），用户可利用这款软件拍摄自己的作品，并通过剪辑、滤镜、特效、美颜等技术让短视频更具创造性。

（2）快手。快手是一款短视频社交软件（见图4-2），具备拍摄、编辑、发布等多项功能，可用于记录和分享用户的生活。

（3）秒拍。秒拍是一款集观看、拍摄、剪辑、分享等功能于一体的短视频社交软件（见图4-3），其最大的特点是可智能变声为短视频增添趣味。

（4）美拍。美拍可以直播，可以制作短视频，它主要针对女性用户设计而成，具有强大的美颜功能和滤镜功能，如图4-4所示。

（5）腾讯微视。腾讯微视是一款集短视频创作与分享于一体的平台，用户不仅可以在腾讯微视上浏览各种短视频，还可以通过创作短视频来分享自己的所见所闻，如图4-5所示。此外，腾讯微视与微信、QQ等社交平台联合，用户可以将腾讯微视上的短视频分享给好友和社交平台。

（6）小影。小影的制作功能也很专业，拥有多种特效拍摄镜头、FX特效、专业电影滤镜，支持多段视频剪辑，还可以为短视频添加字幕、配音，如图4-6所示。

图4-1 抖音　　图4-2 快手　　图4-3 秒拍　　图4-4 美拍　　图4-5 腾讯微视　　图4-6 小影

4.1.2 专业创作类

专业创作类短视频App功能丰富、设计面板专业，可以多角度、多层面的对短视频进行编辑，适合制作较专业的短视频。

（1）Quik。Quik的核心优势在于快和智能，能够自动将素材生成短视频，并可利用其内置功能对短视频进行个性化处理。图4-7为Quik的操作界面。

（2）花瓣剪辑。花瓣剪辑是一款视频编辑与创作软件，应用前沿AI技术，拥有强大的视频编辑功能，利用它可以创造出精彩的短视频作品。图4-8为花瓣剪辑的操作界面。

图4-7　Quik操作界面

图4-8　花瓣剪辑操作界面

4.2　常用流行元素

在短视频中添加滤镜、贴纸和音乐等元素，可以让短视频的内容更加多元化、更具观赏性。

4.2.1　滤镜

滤镜主要是通过调节短视频的画面色彩来让原本平淡无奇的画面变得独具特色，其作用主要包括画面增色、黑白色处理、改变色相3方面。

（1）画面增色。画面增色是利用滤镜对画面色彩进行优化，使短视频画面的色彩层次更丰富，氛围更浓烈，如图4-9所示。

（2）黑白色处理。黑白色处理一般是利用去色类滤镜去除画面色彩，使短视频形成黑白色的画面效果，营造复古或回忆的氛围，如图4-10所示。

（3）改变色相。改变色相是指使用滤镜调整短视频画面的色彩倾向，使画面具有更加浓烈的个人风格，如图4-11所示。

图4-9　画面增色

图4-10　黑白色处理

图4-11　改变色相

4.2.2　贴纸

添加贴纸能丰富短视频的内容，提高其趣味性。贴纸的种类非常多，下面主要介绍二维图案贴纸、艺术字贴纸和边框贴纸的特点，创作者可根据需求选择使用。

（1）二维图案贴纸。二维图案贴纸是将平面图形设计成一定图案，以静态或动态的形式呈现在短视频画面中，让短视频更加丰富、有趣，如图4-12所示。

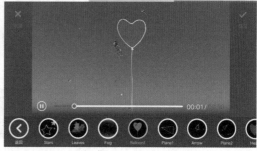

图4-12　二维图案贴纸

（2）艺术字贴纸。这类贴纸是将精心设计的文字，搭配简单的图案组合为一体添加至短视频中，不仅可以使画面富有趣味性，还有助于烘托气氛、表达情感，如图4-13所示。

图4-13　艺术字贴纸

（3）边框贴纸。边框贴纸是在画面的四周添加一圈图案作为背景，以使短视频画面的层次更丰富，如图4-14所示。

图4-14　边框贴纸

4.2.3　音乐

音乐是短视频不可或缺的元素，合适的音乐不仅能推进短视频叙事，烘托情景气氛，还能带动观众情绪，引起情感共鸣。下面以美食类、搞笑类和Vlog旅行类短视频为例，讲解针对不同类型短视频选取音乐的方法。

（1）**美食类短视频音乐选取**。美食类短视频风格多样，有写实派，有治愈系，有活泼风，这就要求创作人员在选取音乐时需要考虑其风格。例如，制作"治愈系"美食短视频时，适合使用较为舒缓的纯音乐作为背景音乐，以营造平缓、安宁的氛围，就像某短视频创作者发布的美食短视频带有古风诗意，选取的音乐基本都是旋律优美的纯音乐，浅浅的背景音乐声与流水声、切菜声交融在一起，营造出非常和谐的画面。

（2）**搞笑类短视频音乐选取**。搞笑类短视频一般以剧情为主，适合采用轻松、搞怪的背景音乐，以推进剧情发展，加强搞笑或戏剧性的效果。例如，某搞笑幽默博主发布的生活搞笑短视频，在其结尾处一般会配一小段与情境相符合的搞怪音乐来强化喜剧效果。

（3）**Vlog旅行类短视频音乐选取**。这类短视频中添加音乐的目的主要是，指引观众去感受沿途的风景，以带来沉浸式体验。例如，气势恢宏的风景适合大气磅礴或节奏分明的爵士乐、流行乐；古典的风景和建筑适合古典音乐或小众民谣；侧重人文情怀或旅途愉悦体验的短视频可以选择温暖、轻快的曲风，以渲染氛围、增强观众代入感。

贴心提示

在使用滤镜、贴纸、音乐等流行元素创作短视频时，切勿过分、过量，以免喧宾夺主。

案例实战1——使用抖音编辑《以为你请我喝》

案例说明

使用抖音拍摄的短视频可以直接在该软件中进行编辑。本案例实战便使用抖音编辑第3章拍摄的搞笑剧情短视频《以为你请我喝》。其操作方法是,首先导入素材并对其进行剪辑,然后添加特效、滤镜、贴纸等元素,接着为其搭配合适的背景音乐,制作完成后将作品发布上传。

扫一扫

拍摄《以为你请我喝》

案例步骤

1. 导入素材

步骤1 打开抖音,单击"创建"按钮 ➕ ,进入操作界面。

步骤2 在操作界面中单击右下角的"相册"按钮(见图4-15),进入素材选取界面。

步骤3 在"所有照片"面板下的"视频"选项卡中,依次选择《以为你请我喝》的素材"素材01"~"素材06"(可在本书配套资源"章节案例">"第4章">"案例实战1"文件夹中获取),单击"下一步"按钮,即可导入素材,如图4-16所示。

在操作界面中可选择进行新的拍摄或进行后期处理

图4-15 打开相册

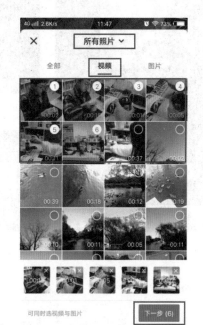

图4-16 导入素材

2．剪辑素材

步骤1　导入素材后在素材剪辑界面中选择"普通模式"，然后在底部片段选择区选择"素材01"（见图4-17），进入"单段编辑"界面。

步骤2　在"单段编辑"界面中拖动左侧"滑块"▯到"已选取1 s"的位置上，以截取需要的办公室全景片段，单击"确定"按钮☑返回上一级界面即可完成该段剪辑，如图4-18所示。

接下来根据第2章编写的《以为你请我喝》脚本，从导入素材中选取出合适的镜头内容。

步骤3　将"素材02"左侧滑块拖至"已选取1.7 s"，截取女主工作的近景片段。

步骤4　将"素材03"左侧滑块拖至"已选取4.5 s"，右侧滑块拖至"已选取4 s"，截取女主拧可乐瓶的特写片段。

步骤5　采用同样的方法，在"素材04"中截取出女主起身找男同事的片段；在"素材05"中截取出男同事拿到可乐拧开喝掉的片段；在"素材06"中截取出女主露出惊讶表情的片段。

步骤6　所有素材剪辑完成后，总时长控制在15 s以内，然后在素材剪辑界面中单击"下一步"按钮（见图4-19），进入编辑界面。

图4-17　选取素材

图4-18　"单段编辑"界面

图4-19　完成剪辑

3．添加特效和滤镜

步骤1　在编辑界面右侧单击"特效"按钮◐（见图4-20），进入特效界面。

步骤2　在特效界面中将滑块拖至女主递可乐给男主的近景画面，然后在"自然"面板中按住"星星"特效0.5 s，并单击"保存"按钮，为该段画面添加"星星"特效，如图4-21所示。

步骤3　在女主角惊讶的表情处，依次按住"四屏"特效和"九屏"效果各0.2 s，并单击"保存"按钮，将该段画面设置成分屏播放的效果并返回编辑界面，如图4-22所示。

图4-20　添加特效　　　　图4-21　添加星星特效　　　　图4-22　添加分屏特效

步骤4　在编辑界面中单击"画质增强"按钮，以加深画面清晰度和对比度，如图4-23所示。

步骤5　在编辑界面中单击"滤镜"按钮，在打开的面板中选择"人像">"白皙"滤镜，并将参数设为"100"，如图4-24所示。

图4-23　添加画质增强效果　　　　　图4-24　添加并设置滤镜

4．添加音乐

　　<u>步骤</u>1　单击编辑界面上方的"选择音乐"按钮🎵，在打开的"配乐"面板中选择"更多音乐"，进入"选择音乐"界面。在当前界面的搜索框中输入"milk tea"并搜索，在搜索结果中选择歌曲《Milk Tea》作为背景音乐，如图4-25所示。

图4-25　添加音乐

　　<u>步骤</u>2　在配乐面板中单击"剪切"按钮✂，打开配乐编辑界面，在该界面中将音频向左拖动，设置背景音乐从第1 s开始，然后单击"确定"按钮✅返回上一级界面，如图4-26所示。

　　<u>步骤</u>3　切换至"音量"面板，将"原声"参数设为"0"，"配乐"参数设为"100%"，以去掉录制时的嘈杂声，使背景音乐更清晰，如图4-27所示。

<table>
<tr><td align="center">图4-26　编辑音频</td><td align="center">图4-27　调节音量</td></tr>
</table>

5．设置封面并发布

<u>步骤1</u>　设置完背景音乐后，返回编辑界面并单击"下一步"按钮，进入"发布"
界面。

<u>步骤2</u>　在"发布"界面单击右上角"选封面"图标（见图4-28），在打开的界面中
选择"立体"模板，然后单击标题框并在其中输入"以为你请我喝"，输入完成后单击
"保存"按钮，如图4-29所示。

<u>步骤3</u>　在"发布"界面中单击"# 添加话题"按钮，在展开的列表中选择合适的
话题，然后单击"发布"按钮即可上传，如图4-30所示。

> ### 📝 知识拓展
>
> 话题是指热门的词汇，添加话题能够让对该词汇感兴趣的人快速搜索到相关短
> 视频并观看，有助于提高短视频的点击量和点赞量。

图4-28　"发布"界面

图4-29　设置封面图

图4-30　选择话题并发布

案例实战2——使用美拍编辑《邂逅北国初秋》

案例说明

美拍具有强大的后期处理功能，可以对素材进行编辑、分割等操作，还可以为短视

频添加文字、音乐等。本案例便使用美拍制作秋日出游短视频《邂逅北国初秋》。《邂逅北国初秋》记录了秋高气爽的时节，人们在公园放风筝、看夕阳的悠闲生活，总时长在一分钟以内。下面首先导入素材，然后对素材进行剪辑，接着为其添加文字，最后添加背景音乐并发布。

扫一扫

编辑《邂逅北国初秋》

案例步骤

1. 导入素材

步骤1 启动美拍后，单击屏幕正下方的 ⊕ 按钮（见图4-31），进入拍摄界面，在该界面中单击"相册"按钮 ▣（见图4-32）进入素材选取界面。

图4-31 启动界面

图4-32 拍摄界面

步骤2 在素材选取界面的"图片视频"面板中依次选择"素材01"～"素材08"（可在本书配套资源"章节案例">"第4章">"案例实战2"文件夹中获取），然后单击"剪视频"按钮将所有素材导入（见图4-33），此时进入"视频剪辑"界面，如图4-34所示。

图4-33 素材选取界面

图4-34 "视频剪辑"界面

2. 剪辑素材

导入素材后进入剪辑环节，利用"编辑"和"分割"等命令，截取每段素材中的重要信息点，将其拼接成片即可，以下是具体的操作步骤。

步骤1 单击"视频剪辑"界面下方的"编辑"按钮，切换至"编辑"面板，如图4-35所示。

步骤2 将"素材01"左侧的"滑块"拖至第3.6 s，右侧的"滑块"向左拖动，以截取6 s左右的视频片段，如图4-36所示。

贴心提示

编辑第1个镜头时，通过预览"素材01"发现此段素材时间过长，且内容重复，为了精简短视频时长，只需要截取关键的片段即可。该素材中截取的是6 s左右天空与风筝的片段，主要用来交代事件发生的环境。

步骤3 采用上述方法在"素材02"中截取5.2 s左右的视频片段，保留风筝在蓝天中飞翔的片段。

步骤4 在"素材03"中截取4.2 s左右的视频片段，保留从天空切换到公园的摇镜头片段。

图4-35 "编辑"面板

图4-36 编辑素材

步骤5 在"素材04"中截取3 s左右的视频片段，保留交代公园环境的摇镜头片段。

步骤6 在"素材05"中截取4.1 s左右的视频片段，保留人们休闲的推镜头片段。

步骤7 "素材06"的画面全部留下，"素材07"稍后处理。

步骤8 在"素材08"中截取5.5 s左右黄昏景色的片段。

步骤9 截取完所有素材后，将全片预览一遍，镜头没有问题且时长在1 min内即可。

接下来需要使用"素材07"（金鱼风筝飘过的画面）制作一个慢镜头，具体操作如下。

步骤10 为了保留"素材07"中金鱼风筝飘过的画面片段，需要将其前面及后面不需要的部分剪掉。在"编辑"面板中，向左滑动画面时间轴至金鱼风筝即将出现，然后单击"分割"按钮，如图4-37所示。此时"素材07"分割成2个片段，选中第1个片段，并单击"删除"按钮将其删除。

步骤11 采用步骤10的方法将"素材07"金鱼风筝飘远的画面片段截掉，如图4-38所示。

步骤12 选择金鱼飘过瞬间的画面并单击"变速"按钮，打开"变速"面板，在该面板中设置变速为"0.5×"（见图4-39），将该片段设置成慢镜头效果，然后单击按钮，返回"编辑"面板，再次单击按钮，返回"视频剪辑"界面。

图4-37 分割"素材07"　　图4-38 再次分割"素材07"　　图4-39 制作慢镜头效果

3. 添加文字

剪辑好素材以后，可以为画面添加文字，以便观众快速接收画面信息，具体操作步骤如下。

步骤1 在"视频剪辑"界面中选择"素材01"，然后单击"文字"按钮**T**，切换至"文字"面板，此时视频中出现一个文字图标，在该面板中选择第3个文字样式，再将文字图标拖至风筝左上方并缩小，如图4-40所示。

步骤2 在文字输入框中输入文字"一起来放风筝啦～"（见图4-41），然后单击✓按钮，进入文字编辑界面，如图4-42所示。需要注意的是，如果需要对文字进行编辑，可在文字编辑界面中设置，如果不需要对文字进行编辑，可利用"文字"按钮**T**继续添加文字，或者单击✓按钮返回"视频剪辑"界面。

步骤3 在文字编辑界面中选择"素材02"并单击"文字"按钮**T**，再次切换至"文字"面板，然后采用步骤2的方法为"素材02"添加文字"风筝"。

步骤4 采用上述方法，依次为其他素材添加文字。在"素材03"画面中添加文字"蓝天"；"素材04"画面中添加文字"热闹的人群"；"素材05"画面中添加文字"惬意地散步"；"素材06"画面中添加文字"草地上的露营"；"素材07"画面中添加文字"梦里的金鱼"；"素材08"画面中添加文字"美丽的黄昏和你说再见"。

步骤5 为所有素材添加文字后单击✓按钮，返回"视频剪辑"界面。

图4-40　设置文字样式　　　　　图4-41　输入文字　　　　　图4-42　文字编辑界面

4．添加音乐并发布

所有素材剪辑完毕并添加好文字后，需要为短视频添加背景音乐并将其发布出去，具体操作步骤如下。

步骤1　在"视频剪辑"界面中单击"音乐"按钮🎵，切换至音乐选择界面（见图4-43），在该界面中单击要作为背景音乐的歌曲名称，此时该歌曲名称右侧出现"使用"按钮，单击"使用"按钮进入音乐编辑界面，如图4-44所示。一般来说，音乐会自动与视频时长匹配，无须剪辑。

步骤2　单击音乐编辑界面底部的"音量"按钮🔊，进入"音量"面板，向左拖动滑块至"50"处（见图4-45），然后单击✓按钮，返回音乐编辑界面。再次单击✓按钮，返回"视频剪辑"界面。

步骤3　单击"视频剪辑"界面右上角的"下一步"按钮，进入"发布"界面（见图4-46），在该界面的标题编辑框中输入标题"邂逅北国初秋"，在描述编辑框中输入"美好的周五"，然后单击"发布"按钮▶即可发布。需要注意的是，利用"选封面"按钮可以自行设置封面。

图4-43 音乐选择界面

图4-44 音乐编辑界面

图4-45 "音量"面板

图4-46 发布短视频

案例实战3——使用Quik编辑《夏花》

案例说明

Quik可以自动生成模板，还能添加个性元素以便快速制作出一部短视频。本案例便使用Quik（版本5.0.7.4057）制作一个15 s的文艺短视频《夏花》。下面首先使用Quik中的智能模板一键生成短视频的整体风格，然后进行简单的剪辑，接着添加文字、音乐和滤镜等元素打造文艺氛围，最后将完成的短视频保存到手机。

扫一扫

编辑《夏花》

案例步骤

1. 导入素材并选择模板

<u>步骤1</u>　打开软件，单击"创建新视频"按钮，进入素材选取界面，然后在"图库"面板中依次选择"素材01"~"素材04"（可在本书配套资源"章节案例">"第4章">"案例实战3"文件夹中获取），接着单击"确定"按钮■，导入素材，如图4-47所示。

 贴心提示

为确保编辑过程一致，请按顺序导入素材。

<u>步骤2</u>　在弹出的"添加标题介绍"编辑框中输入"夏花"，并单击"继续"按钮，如图4-48所示。

<u>步骤3</u>　进入主界面后，在模板面板中选择"Bandy"模板■，并单击"编辑"按钮■以进入"编辑"界面，如图4-49所示。

2. 剪辑素材

<u>步骤1</u>　在"编辑"界面中选择"素材01"并单击"修剪"按钮■，进入"修剪视频"界面，如图4-50所示。

<u>步骤2</u>　在"修剪视频"界面中选择"手动"模式，然后将右侧的"滑块"■向左拖动，使视频时长变为5 s，单击"确定"按钮■完成剪辑，如图4-51所示。

图4-47　导入素材

图4-48　输入短视频标题

图4-49　选择模板

图4-50　选择修剪

图4-51　素材截选

步骤3　根据情节需要，采用上述方法依次修剪其他素材，具体可参考以下参数，如图4-52所示。

图4-52　"素材02""素材03"和"素材04"的参数

3. 添加字幕

步骤1　在"编辑"界面中选择"素材01"并单击"添加文字"按钮，在弹出的字幕输入框中输入"听说夏天来的时候"，然后单击"确定"按钮☑完成文字编辑，如图4-53所示。

步骤2　采用同样的方法依次为其他素材添加字幕：为"素材02"添加字幕"在人间留下秘密；为"素材03"添加字幕"我想寻找 寻找……"；为"素材04"添加字幕

"一个惊喜"。添加完字幕后，单击左上角"关闭"按钮✕，返回主界面。

图4-53　添加字幕

4．添加音乐

步骤1　在主界面单击"音乐"按钮♫，切换至音乐面板，依次单击▶图标和"音乐库"按钮，进入音乐库。在音乐库中选择合适的背景音乐（本案例选择歌曲《Daisys》）并单击"确定"按钮，将其设置为背景音乐，如图4-54所示。

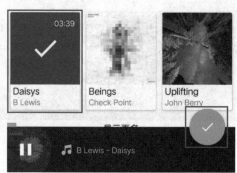

图4-54　添加音乐

步骤2　在主界面单击"效果"按钮，切换至效果面板，在此面板中按住音频波形并向左滑动，将音乐开始时间设为第1 s，让音乐在画面呈现不久后出现，以牵引观众情绪，然后单击"确定"按钮☑返回上一级界面，如图4-55所示。

图4-55　编辑音乐

5. 润色输出

步骤1　在效果面板中单击"滤镜"按钮，在打开的面板中选择"keel"滤镜，并单击"确定"按钮 ✓ 应用滤镜，使画面呈现出文艺复古的暖色调，如图4-56所示。

步骤2　确认短视频编辑完成后，在主界面单击右下角的"下载"按钮，在打开的界面中单击"保存而不分享"按钮，将短视频保存到手机中，如图4-57所示。

图4-56　选择滤镜

图4-57　保存到本地

案例实战4——使用花瓣剪辑编辑《可爱的朋友们》

案例说明

花瓣剪辑拥有丰富的转场效果和各类风格特效，编辑功能非常强大。本案例使用花瓣剪辑（版本12.0.5.326）制作一个萌宠合集短视频《可爱的朋友们》。

《可爱的朋友们》展示了各种可爱猫咪的形态和表情，有很强的吸引力。下面首先导入素材并进行剪辑，然后设置短视频画幅，接着为素材添加转场和特效，最后为短视频添加文字和配乐。

案例步骤

1. 导入素材

步骤1　启动花瓣剪辑后，单击屏幕中的"开始创作"按钮，进入素材选取界面，如图4-58所示。

步骤2　在素材选取界面的"最近项目">"视频"面板中依次选择"素材01"～"素材09"（可在本书配套资源"章节案例">"第4章">"案例实战4"文件

夹中获取），然后单击"导入"按钮将所有素材导入（见图4-59），此时进入"剪辑"界面，如图4-60所示。

图4-58　启动界面

图4-59　素材选取界面

图4-60　"剪辑"界面

贴心提示

　　导入素材时需根据本书配套资源中提供的素材顺序导入，以免后续操作无法顺利进行。

2. 剪辑素材

　　<u>步骤1</u>　在"剪辑"界面中，单击画面时间轴中的"素材01"，此时进入素材剪辑界面（该素材两侧出现滑块），将左侧滑块]拖至第3 s左右，如图4-61所示。此时"素材01"起始处自动左移至第0 s，将右侧滑块[拖至第5 s左右，如图4-62所示。最终截取"素材01"第3 s～第8 s的片段（根据创作需要，只需截取猫咪可爱的形态即可）。

　　<u>步骤2</u>　采用步骤1的方法，截取"素材02"第2 s ～第5 s之间的片段；截取"素材03"第1 s～第5 s之间的片段；截取"素材04"第3 s～第6 s之间的片段；截取"素材05"第12 s ～第16 s之间的片段；截取"素材06"第0 s ～第5 s之间的片段；截取"素材07"第17 s ～第27 s之间的片段；截取"素材08"第3 s～第7 s之间的片段；截取"素材09"第20 s ～第28 s之间的片段。

　　<u>步骤3</u>　所有素材剪辑完成后，单击屏幕空白处返回"剪辑"界面。

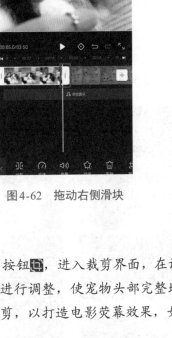

图4-61　拖动左侧滑块　　　　　图4-62　拖动右侧滑块

3. 设置画幅

　　<u>步骤1</u>　选择"素材01",然后单击"裁剪"按钮▣,进入裁剪界面,在该界面中选择"16:9"画幅▭,接着拖动裁剪框对画面进行调整,使宠物头部完整地呈现在裁剪框内,最后单击屏幕右上角的☑按钮确定裁剪,以打造电影荧幕效果,如图4-63所示。

图4-63　裁剪"素材01"

　　<u>步骤2</u>　采用步骤1的方法将其他素材裁剪为16:9画幅。

4．添加转场和特效

步骤1 单击画面时间轴两个素材之间的![]按钮，进入转场编辑界面，在该界面中单击"运镜"下的"3D空间"转场，然后单击![]按钮确定添加转场，如图4-64所示。

步骤2 采用步骤1的方法依次在其他素材之间添加"运镜"下的"色差顺时针""拉远""放射""向左拉伸"转场，以及"经典"下的"闪光灯""向右拉屏""下移"转场。

步骤3 在"剪辑"界面中单击"特效"按钮![]，进入"特效"界面，在该界面中选择"热门"下的"渐变光"特效，然后单击![]按钮确定添加特效，将当前片段设为复古风格，如图4-65所示。

图4-64 添加转场

图4-65 添加特效

步骤4 采用剪辑素材的方法调整特效时长，使其与整个视频时长相同，然后单击屏幕空白处返回"特效"界面。

5．添加文字标题

步骤1 在"特效"界面单击"文字"按钮![]中的"添加文本"按钮![]，进入添加文字界面，如图4-66所示。

步骤2 在添加文字界面的文字输入框中输入"可爱的朋友们"，然后单击"样式"，并设置字体为"猫啃网糖圆体"（见图4-67），颜色为第10种（深红色，见图4-68），接着单击"动画"，并设置入场动画为"羽化向右擦开"（见图4-69），最后单击![]按钮确定添加文字标题，此时进入文字编辑界面，单击屏幕空白处返回"文字"界面。

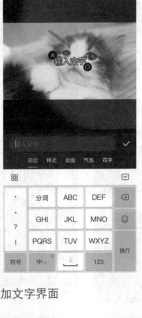

图4-66 进入添加文字界面

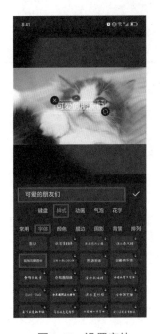

图4-67 设置字体

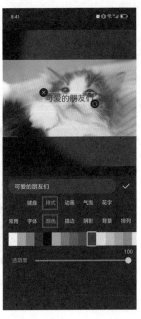

图4-68 设置颜色

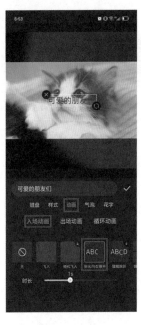

图4-69 设置动画

6. 添加配乐并保存

　　步骤1　在"文字"界面单击"音频"按钮♪中的"音乐"按钮♪，进入"添加音乐"界面，在该界面中单击要作为配乐的歌曲名称，此时屏幕下方显示该音乐播放条目，单击其中的"使用"即可将其设置为配乐（见图4-70），此时进入音乐编辑界面。

　　步骤2　采用剪辑素材的方法对音乐时长进行调整，使其与视频时长相同。单击屏幕右上角的"导出"按钮，在打开的导出界面中设置好视频相关参数后单击"确认导出"按钮（见图4-71），即可将短视频保存到手机上。

图4-70　添加音乐　　　　　　　　　　　　　　　图4-71　导出视频

贴心提示

　　保存的短视频可在相册中找到。再次启动花瓣剪辑后，在启动界面中会显示编辑的视频条目，单击该视频条目可以再次对其进行编辑，如图4-72所示。

图4-72　花瓣剪辑启动界面

优秀作品赏析

　　《24岁在意大利八月的夏天，用手机拍出电影感》是一部纪录类短视频，记录了少年在意大利度过的夏天。接下来简单解析该短视频后期处理时所做的操作。

　　该短视频在后期处理时添加了丰富的元素以增加画面的层次。例如，在明亮的风景镜头处添加白色边框，让风景在画面中

扫一扫

优秀作品赏析

所占比例变小，显得更加精致，画面的整体色调也显得更加透亮，如图4-73所示。又如，在渲染人物情绪的镜头处添加了灰色的边框，让画面的颜色层次更加丰富，整体色调更加和谐，呈现出宁静、文艺的氛围，如图4-74所示。

图4-73　白色边框　　　　　　　　　　　图4-74　灰色边框

另外，在营造整体色调时，创作者还为该短视频添加了统一的复古滤镜，以打造老电影的画面效果。例如，喝咖啡和晾晒床单的镜头使用复古滤镜后，呈现出温馨的暖色调，烘托出时光带来的岁月沉淀感，充满了老电影的诗意，如图4-75所示。

图4-75　暖色调运用

"花瓣剪辑"App，给用户更好的短视频创作体验

据中国互联网络信息中心（CNNIC）发布的第49次《中国互联网络发展状况统计报告》，截至2021年12月，短视频用户规模9.34亿，使用率90.5%。

为提升用户的短视频创作体验，在华为P50旗舰新品发布会上，华为正式推出了"花瓣剪辑"App。此款剪辑软件从创作者面临的侵权风险、素材不丰富等痛点出发，借助AI技术进行了升级，提供人脸遮挡功能、丰富的滤镜库等（见图4-76），让用户可以随心所欲地进行短视频创作。

图4-76　App功能介绍

本章实训

利用本书配套资源"章节案例">"第4章">"课后练习"文件夹中的素材，使用Quik（或手机上任意可进行短视频后期处理的软件），制作一个有片头、贴纸、滤镜、字幕和背景音乐等元素的短视频，效果如图4-77所示。

图4-77　短视频效果

提示：

① 先将素材导入Quik，输入标题作为文字片头，然后选择"mingle"模板一键生成短视频。

② 使用"修剪"命令精剪每段视频的画面，将总时长控制在30 s以内。

③ 将短视频导出，然后导入美拍中，添加贴纸、字幕和滤镜等元素。

学习目标

- 了解PC端短视频后期处理流程和常用软件。

- 掌握短视频剪辑技巧。

- 掌握短视频转场技巧。

- 掌握短视频色彩校正、字幕添加、片头片尾制作及渲染输出的方法。

- 能够灵活运用Adobe Premiere和爱剪辑

  进行短视频后期处理。

素质目标

- 增强自主学习、探究学习的意识。

- 树立追求卓越、勇于拼搏的奋斗精神。

05 CHAPTER

PC端短视频后期处理

章前导读

　　使用PC端软件可制作出更高清、更专业的短视频。为此，本章首先讲解短视频的后期处理基础知识、剪辑技巧、转场技巧，以及包装与输出等内容，然后通过两个案例实战，帮助读者掌握使用Adobe Premiere和爱剪辑处理短视频的方法。

5.1 短视频后期处理基础

5.1.1 后期处理流程

短视频后期处理工作主要包括镜头梳理、剪辑与转场、包装与输出3大环节，如图5-1所示。

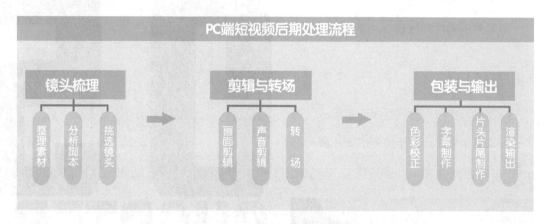

图5-1 PC端短视频后期处理流程

1. 镜头梳理

镜头梳理环节主要包括整理素材、分析脚本和挑选镜头3个方面。

（1）**整理素材**。整理素材是将编辑短视频所需的视频和音频文件拷贝到电脑中，并进行归类整理以便后续剪辑。

（2）**分析脚本**。分析脚本是在开始剪辑前对短视频脚本及内容进行理解和研究，以便剪辑人员掌握导演的创作意图，理顺整体逻辑，剪辑出符合导演需求的影片。

（3）**挑选镜头**。挑选镜头是在准备的素材中挑选出内容符合脚本且画质优良的镜头，做好剪辑前的镜头初步梳理工作。

2. 剪辑与转场

剪辑与转场都是为了使单个的镜头组合成完整的短视频。两者的不同之处在于，剪辑是将拍摄素材中需要的内容留下，不需要的部分删除，并通过组接成为完整短视频的过程，包括画面剪辑和声音剪辑两方面，转场则是一种处理镜头之间衔接的手段。

3. 包装与输出

短视频剪辑完成后，需要对视频画面进行色彩校正，以使短视频的视觉效果既美观，又符合主题和风格。此外，还可为有需求的短视频制作片头、片尾与字幕，使其更加完整。全部包装完成后，将短视频输出成视频文件进行发布。

5.1.2　常用软件

PC端短视频的后期处理工作需要配合软件来完成。常用软件包括Adobe Premiere、爱剪辑、会声会影等，下面对这几款软件进行简单介绍。

1．Adobe Premiere

Adobe Premiere是Adobe公司开发的一款视频编辑软件，集视频采集、剪辑、转场、字幕制作等功能于一体，是目前最流行的影视后期处理软件之一，被广泛应用于影视制作、广告制作等领域，也是短视频后期处理的常用软件。

2．爱剪辑

爱剪辑是一款功能强大、简单易用的视频编辑软件。它具有非常优秀的特效和滤镜效果，且支持多种音视频格式，即使没有任何专业知识，也可使用爱剪辑制作出令人满意的视频效果。

3．会声会影

会声会影是加拿大Corel公司开发的一款功能强大的视频编辑软件，有超过100多种的编制功能与效果，可导出多种常见的视频格式，具有操作简单、界面简洁等特点。

5.2　短视频剪辑技巧

剪辑是创作者对拍摄好的镜头进行选择、取舍、分解与组接，最终形成一个播放流畅、表意明确、主题鲜明的短视频作品。下面从镜头组接原则、画面剪辑技巧及声音剪辑技巧3方面，向读者介绍短视频的剪辑方法与技巧。

5.2.1　镜头组接原则

镜头组接是将单个镜头按照一定顺序和手法串联起来，成为具有条理和逻辑的短视频，其目的是建立完整的短视频结构。为了能更好地表达主题，组接镜头时需要遵循一定的原则。

（1）突出镜头内容的重点。为了最大程度精简短视频的时长，剪辑时每一个镜头都要提炼出最精练的画面来传达重点信息。

（2）镜头内容的逻辑性。由于观众在观影过程中往往会不自觉地结合自身的生活经验来理解画面内容。因此，在组接镜头时需符合大众的生活常识和思维习惯。

（3）**景别角度的和谐性。**在表现同一被摄对象时，如果不是为了追求特殊的视觉效果，应尽量避免同一景别的画面连续出现多次。

（4）**画面色调的统一性。**组接镜头时需注意画面的色调应统一、匹配。如果不同镜头的画面明暗或色彩对比很强烈，容易产生视觉上的跳跃感，影响内容表达的连续性。

5.2.2 画面剪辑技巧

合理的利用画面剪辑技巧可以使短视频更加流畅、精简。剪辑短视频的技巧主要在于寻找到剪辑点，剪辑点即何时切换镜头的画面，一般采用踩点剪辑、动作剪辑、加入反应镜头和巧用蒙太奇4种方法。

（1）**利用踩点剪辑。**踩点剪辑是利用画面切换去匹配背景音乐中的鼓点声或其他声音，即把声音突然变高或降低的瞬间作为剪辑点。这种剪辑技巧常用于影视混剪类或故事性不强的展示类短视频中。

（2）**根据动作剪辑。**剪辑短视频中常见的挥手、开门或下厨等动作时主要有两种方法。一种是通过延长动作的时间，以突出动作的重要性。例如，在添加食材时，通常会先给一个添加食材的中景或近景镜头，再利用特写镜头来近距离表现所添加的食材。

另一种是减少动作的镜头造成动作的快速感，以减少完成动作的整体时长。例如，被摄人物在挤奶昔时，第一个镜头在挤第一个格子，第二个镜头已经在挤第三个格子了，动作看似是衔接的，实际上中间减少了填满第二个格子的动作，从而使完成动作的时长变短，内容更精简，如图5-2所示。

图5-2 减少动作镜头

（3）**加入反应镜头。**剪辑过程中在描述事件的镜头后面加上反应镜头，能够提升观众参与感，加强情绪反应。例如，在一个展示美味肉块的特写镜头后，加上人物试吃的镜头，能极大增强观众代入感，从而激发观众对美食的渴望，如图5-3所示。

图5-3 反应镜头

（4）**巧用蒙太奇**。蒙太奇是将一系列在不同地点、从不同距离和角度、以不同方法拍摄的镜头组接起来，对不同时空的事件进行平行剪辑或交叉剪辑，从而将"不相关"的镜头衔接到一起组成新的内容。

5.2.3　声音剪辑技巧

短视频中的声音主要是配乐，配乐是指短视频中运用的插曲、背景音乐等，其主要作用是烘托气氛，深入主题思想。下面简单介绍几种声音剪辑技巧。

（1）**声画统一**。声画统一是指短视频中的音乐应与画面表达的情绪氛围相匹配，如伤感的音乐配难过的事件，欢快的音乐配愉快的事件等。

（2）**声画平行**。声画平行是指短视频中的音乐和画面各自独立，声音只是短视频制作时添加的一种元素，如人物在进行解说或演示某种操作时，加入背景音乐能够丰富整体视听感受，让画面不显枯燥。

（3）**声画对立**。声画对立是指音乐与画面互不匹配或形成反差。使用这种方法，往往能够强化情绪，获取不一样的视听效果。例如，在搞笑的剧情中添加具有反差的悲伤音乐，会更有喜剧效果。

5.3　短视频转场技巧

转场即转换场面，是一种用于过渡或衔接镜头的技巧。灵活利用转场技巧能让镜头之间的条理性更强，让观众的视觉更具连续性。下面介绍几种常见的转场技巧。

（1）**淡入淡出**。淡入淡出是两种转场方式。其中，淡入是指第一个镜头画面逐渐显现直至呈现正常亮度，通常用于短视频的开始（见图5-4）；淡出是指最后一个镜头画面逐渐隐去直至黑场，通常用于短视频的结束，如图5-5所示。

图5-4　淡入转场效果

图5-5　淡出转场效果

（2）叠化。叠化是指将前一镜头的结束画面与后一镜头的开始画面相互叠加在一起，以一个镜头逐渐消失，另外一个镜头逐渐显现的方式，来实现两个镜头之间的衔接、融合。使用这种转场方式可以使画面转换自然、连贯，常用于场景的自然切换，如图5-6所示。

图5-6　叠化转场效果

（3）相似性因素转场。这种转场方式是在前后衔接的两个镜头或多个镜头中，利用外形或性质上相似的被摄对象完成转场，以达到视觉连续、转场自然的目的。使用这种转场方式，可以增强画面的连贯性。例如，三个镜头都是鞋子的特写，以此为相似性因素完成三个场景的切换，画面在视觉上显得连贯且流畅，如图5-7所示。

图5-7　相似性因素转场

（4）利用特写转场。特写具有强调画面细节，集中观众注意力的作用。利用特写镜头转场不仅可以调动观众的情绪，还可以在一定程度上弱化时空转换带来的视觉跳动，从而自然地实现转场。

例如，短视频《听说爱吃螺蛳粉的朋友，都很可爱啊！》中利用豆角的特写，衔接了从室内烫豆角到室外晾豆角两个场景，这种处理方式让场景的改变更加具有逻辑性，如图5-8所示。

图5-8　利用特写转场

（5）利用空镜头转场。利用空镜头转场是指利用群山、建筑、田野、天空等进行场景之间的过渡。这种转场方式不仅可以展现环境风貌，明确转场后的地点，还可以达到借景抒情的目的，如图5-9所示。

图5-9　利用空镜头转场

（6）利用挡黑镜头转场。挡黑镜头转场是指镜头被画面内的某个对象暂时挡住，使观众无法从镜头中辨别出主体的性质、形状和质地等，从而完成时间或空间的转变。其实质是，利用主体被遮挡的效果完成场景的淡出与淡入，其画面效果具有较强的冲击力，且更具戏剧性。例如，利用书包作为遮挡，从而自然、流畅地完成了时空转换，如图5-10所示。

图5-10　利用挡黑镜头转场

5.4　短视频包装与输出

短视频剪辑完成后，需对其进行包装与输出，主要包括色彩校正、片头片尾制作、字幕制作及渲染输出4个方面。

5.4.1　色彩校正

色彩校正是利用软件对短视频画面进行艺术加工，通过调整画面的亮度、对比度、色彩倾向等，来达到美化短视频视觉效果、丰富叙事内容、强化特定情绪的作用。

（1）美化短视频视觉效果。在拍摄过程中，经常会由于拍摄时间或拍摄场次不连续等原因，造成所拍摄的画面在亮度、对比度、色彩倾向等方面有一定的差异，从而影响整部影片的质量和层次。此时，就需要利用后期技术来弥补现场拍摄的不足，以增强短视频的艺术表现力，统一其画面基调并达到美化短视频视觉效果的目的，如图5-11所示。

图5-11　美化短视频视觉效果

（2）**丰富叙事内容**。在短视频中会经常运用多种颜色来表现不同的时空。色彩校正作为一种调节画面色彩的手段，可以改变短视频的呈现效果，丰富短视频叙事内容，推动剧情发展。例如，现实生活使用彩色画面（见图5-12），回忆过往适合常用黑白色画面，如图5-13所示。

图5-12　彩色画面　　　　　　　　　　　　　　　　图5-13　黑白色画面

（3）**强化特定情绪**。利用色彩校正可以对某一场景、某一空间、某一画面或某个细节进行特定的视觉处理，使其与其他画面形成反差，以此来强化创作人员想要表达的喜、怒、哀、乐等主观情绪。例如，在海边独奏的孤独感用冷色调来渲染，在婚礼上弹唱的温馨感用暖色调来强化，如图5-14所示。

图5-14　强化特定情绪

5.4.2　字幕制作

短视频字幕指的是后期加工添加的所有文字，包括片名、唱词、对白、说明词、人物介绍、地名和年代等。通常情况下，字幕会在短视频基本处理完成后，由剪辑人员根据需求进行添加。下面简单介绍字幕制作的4种技巧。

（1）字幕要与画面风格相匹配。字幕应该根据画面的风格设定字体和颜色，以营造统一、和谐的整体，如图5-15所示。

图5-15　字幕要与画面风格相匹配

（2）字幕要有辨识度。字幕的字体大小要清晰可观，字体颜色要与背景区分开，让观众能清晰地识别字幕内容，如图5-16所示。

图5-16　字幕要有辨识度

（3）字幕颜色不宜过多。字幕的作用是辅助画面叙事、表达主题，字幕颜色过多会让画面杂乱，因而字幕颜色一般不要超过3种，如图5-17所示。

图5-17　适当的字幕颜色

（4）字幕摆放位置固定。字幕位置固定能让观众视觉观感更稳定。例如，台词一般固定放在画面正下方，其他用于解释或提示的字幕可根据需求在画面中添加，如图5-18所示。

图5-18　字幕摆放位置

5.4.3　制作片头和片尾

短视频基本处理完成后，可根据需求为其添加片头和片尾。片头一般是在内容播放之前，主要由标题或内容简括组成，起到引导作用（见图5-19）；片尾一般是在内容播放结束后，主要由短视频账号的联系方式或制作团队成员名单组成，用作展示和宣传，如图5-20所示。

图5-19　片头

图5-20　片尾

5.4.4　渲染输出

短视频剪辑并包装完成后，需将其渲染输出成便于上传且可使用手机播放的视频文件。下面先来介绍一些常见视频格式，然后讲解短视频的输出流程。

1．常见短视频格式

短视频剪辑完成后可输出成多种视频格式，如AVI、WMV、MP4、FLV等。下面简单介绍不同视频格式之间的区别，如表5-1所示。

表 5-1　不同视频格式的说明

格式	说明
AVI	微软公司发布的视频格式，其优点是视频清晰度高，且大多视频编辑软件都支持该格式；其缺点是视频体积过大、压缩标准不统一，不利于文件传播
WMV	由微软推出的一种流媒体格式。在同等视频质量下，WMV格式的视频文件可以边下载边播放，适用于网络媒体的传播
MP4	广泛应用于数字电视、网络视频、交互多媒体等领域，是最为常见的格式
FLV	一种新兴的网络视频格式，其特点是文件小、加载速度快，主要应用于网络视频传播方面

2. 输出流程

输出作为后期处理的最后一个环节，其工作流程为：先设置好视频输出范围，然后确认视频输出的格式、尺寸及保存路径，以保证输出的视频可以满足创作者的使用要求，最后进行渲染。渲染完成后可在保存路径下找到输出的视频文件。

知识拓展

为方便将制作好的短视频发布到网上，通常会对其进行压缩处理。此时，可以选择比较稳定且常用的压缩软件"格式工厂"。它不仅可以压缩视频的大小，还可以根据需要将制作好的短视频转换成不同格式。需要注意的是，在进行压缩时，不宜将视频压缩得过小，以免影响其清晰度。

案例实战1——使用Adobe Premiere编辑《凉拌腐竹》

案例说明

Adobe Premiere拥有灵活的编辑能力，易学且高效，本案例实战便使用Adobe Premiere CC 2017制作美食教学短视频《凉拌腐竹》。下面首先导入视频和音频素材，并根据做菜的逻辑和顺序对画面进行剪辑，然后为画面添加字幕，再利用图文混排制作片头，最后添加转场和背景音乐并渲染输出。

◆扫一扫◆
编辑《凉拌腐竹》上

案例步骤

1. 导入素材并整理

接下里首先将视频和音频素材导入软件，然后新建素材箱并对素材分类整理，以便剪辑过程中查找使用。

步骤1　启动Adobe Premiere，在"开始"对话框中单击"新建项目"按钮，在弹出的"新建项目"对话框的"名称"编辑框中输入"凉拌腐竹"，然后单击"浏览"按钮，在打开的对话框中设置项目保存路径，最后单击"确定"按钮，进入操作界面，如图5-21所示。

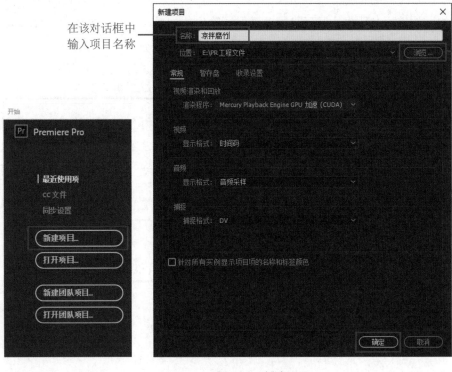

在该对话框中输入项目名称

单击该按钮后，可在弹出的对话框中设置项目的保存路径

图5-21　新建项目

贴心提示

Adobe Premiere操作界面由菜单栏、监视器窗口、项目面板、工具栏、时间轴面板等组成，如图5-22所示。

图5-22　Adobe Premiere操作界面

　　菜单栏是提供各项功能的入口；监视器窗口包含"源"窗口和"节目"预览窗口，可预览视频效果并进行简单编辑；项目面板是素材文件的管理器，主要用于保存素材和序列；工具栏中包含各种编辑工具；时间轴面板是进行视频和音频剪辑的主要操作面板。

　　步骤2　在菜单栏中选择"文件">"导入"菜单项，在打开的"导入"对话框中选择本书配套资源"章节案例">"第5章">"案例实战1">"素材"文件夹中的全部素材，然后单击"打开"按钮，导入素材，如图5-23所示。

　　步骤3　单击项目面板中的"新建素材箱"按钮▇，新建一个素材箱，在该素材箱上右击，在弹出的菜单中选择"重命名"选项，然后将其重命名为"视频素材"，接着将所有视频素材放入该素材箱中，如图5-24所示。

　　步骤4　采用上述方法，依次新建"音频素材"和"图片素材"素材箱，并分别将音频素材和图片素材放入对应的素材箱中。

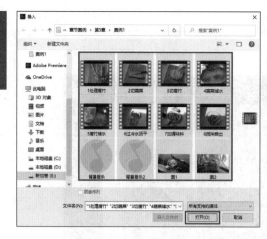

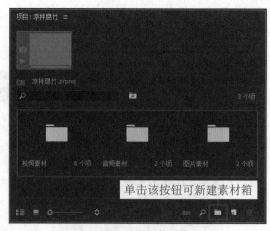

单击该按钮可新建素材箱

图5-23　导入素材　　　　　　　　　　　图5-24　整理素材

2．剪辑素材

素材导入并整理完成后，需要对其进行剪辑。下面通过剪切、删除多余片段，以及设置视频播放速度等操作，剪辑出逻辑顺畅且时长合理的短视频，具体操作步骤如下。

步骤1　在项目面板空白处右击，在弹出的菜单中选择"新建项目"＞"序列"选项，在打开的"新建序列"对话框的"可用预设"列表中选择"HDV"＞"HDV 720p24"选项，然后在"序列名称"编辑框中输入"凉拌腐竹"，并单击"确定"按钮新建序列，如图5-25所示。

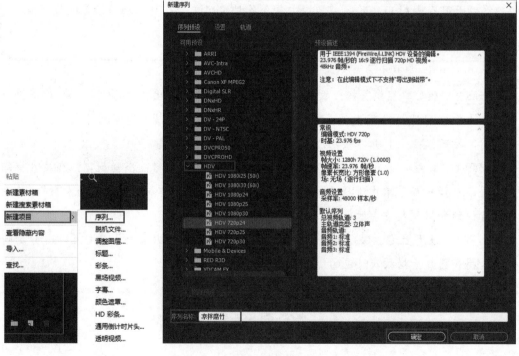

图5-25　新建序列

新建序列的目的是为了让导入的素材都以其属性为标准进行编辑，如果需要以某个素材的属性创建序列，有以下两种处理方法。

① 在项目面板中右击需要保留原画幅大小的素材，在弹出的快捷菜单中选择"从剪辑中新建序列"命令。

② 新建项目后无须新建序列，直接将素材拖至时间轴面板即可新建序列，该序列的各项属性设置均与原素材一致。

步骤2 在项目面板中双击"视频素材"素材箱将其打开，选中素材"1处理腐竹.mp4"并按住鼠标左键不放将其拖至时间轴面板，按空格键可在监视器窗口预览素材内容。

素材"1处理腐竹.mp4"内容主要包括将腐竹切断放进碗中，加入温水浸泡和加入盐3部分，剪辑时只需截取这3段关键的操作即可。

步骤3 在时间轴面板将"时间指针"向右拖至第36秒（或在时间轴面板中单击左上方的当前时间码，输入"00:00:36:00"并按"Enter"键确认），在工具栏中单击"剃刀工具"按钮并在"V1"轨道的当前时间指针处单击，然后在1分15秒处再次单击，即可将该素材剪成3段，如图5-26所示。此时，中间截取的片段为切腐竹的画面。

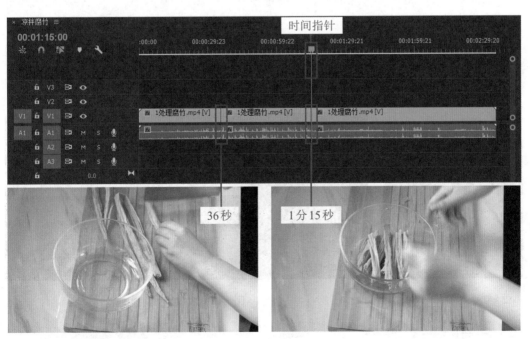

图5-26 截取切腐竹片段

知识拓展

在时间轴面板上，"V"代表视频轨道，"A"代表音频轨道。

步骤4　采用上述方法，在右侧的"1处理腐竹.mp4"片段中将加温水和加盐的镜头片段各截取出两秒，如图5-27所示。

图5-27　截取加水和加盐片段

步骤5　在工具栏中单击"选择工具"按钮，然后在时间轴面板上选中不需要的素材片段按"Delete"键删除，保留切腐竹、加温水和加盐3个片段即可。

在剪辑过程中可对操作时间较长的画面进行加速处理，这样做能够在确保内容完整的前提下，精简短视频的时长。

步骤6　在"V1"轨道切腐竹片段上右击并选择"时间/持续时间"选项，在弹出的"剪辑速度/持续时间"对话框中将"持续时间"设为"00:00:03:20"，然后单击"确定"按钮（见图5-28），即可加快视频播放速度并缩短该片段的持续时长。

步骤7　在剪辑好的片段之间的空白处右击并选择"波纹删除"选项，可使所有片段无缝拼接，如图5-29所示。

图5-28　设置持续时间

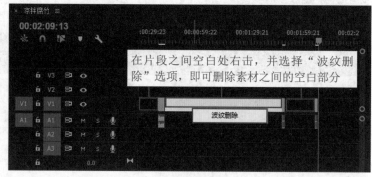

图5-29　波纹删除

步骤8　采用上述剪辑方法，依次将"2切蔬菜.mp4"和"3切腐竹.mp4"两个素材拖入"V1"轨道中，然后从中截取切胡萝卜、切芹菜、切蒜瓣和切腐竹的镜头片段各4s。

接下来通过调整素材大小与位置，将步骤相似或重复的素材放在一个画面中播放，并适当精简视频时长，具体操作如下。

步骤9 在"V3"轨道空白处右击,在弹出的菜单中选择"添加单条轨道"选项(见图5-30),以添加一条视频轨道"V4"。

步骤10 依次将截取出的切芹菜、切蒜瓣和切腐竹3个片段,分别拖至"V2""V3""V4"轨道上,并使开端与"V1"轨道中切胡萝卜片段的始端对齐,接着单击轨道中的"可视"按钮 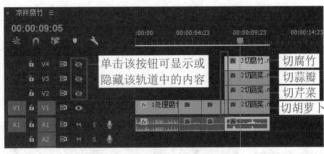 ,将除了"V1"轨道以外的其他3个视频轨道全部隐藏,以便下一步操作,如图5-31所示。

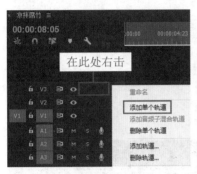

图5-30 添加轨道

图5-31 调整素材所在轨道

步骤11 选中"V1"轨道中切胡萝卜的片段,然后在"效果控件"选项卡中设置其位置和大小,以将该片段缩小并移至画面右下角,具体参数和效果如图5-32所示。

图5-32 位置大小参数和效果

步骤12 采用上述方法,逐层显示轨道并设置切芹菜、切蒜瓣、切腐竹3个片段在画面中的所在位置和大小,以使4个片段可在同一画面同步播放,如图5-33所示。

图5-33 4个片段同屏播放效果

接下来需要先截取倒油、蔬菜焯水、腐竹焯水3个片段画面，然后将蔬菜焯水和腐竹焯水制作成同屏播放效果，具体操作如下。

步骤13 依次将"4蔬菜焯水.mp4"和"5腐竹焯水.mp4"两个拖至"V1"轨道，并从中截取倒油、蔬菜焯水和腐竹焯水3个片段各2 s，然后将倒油和蔬菜焯水两个片段在"V1"轨道中一前一后进行拼接，将腐竹焯水片段拖至"V2"轨道，并使其起始端与蔬菜焯水起始端对齐。

步骤14 在项目面板中的"效果"选项卡的搜索框内输入"裁剪"并按"Enter"键，在搜索结果中选择"裁剪"效果，并将其拖至"V2"轨道的腐竹焯水片段上，如图5-34所示。

在此处输入效果的名称

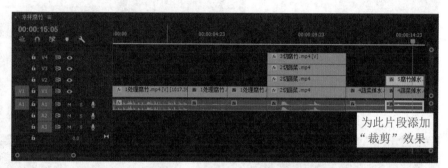

图5-34 添加裁剪效果

步骤15 在"效果控件"选项卡中调整腐竹焯水片段的"位置"和"裁剪"属性参数，以使该片段与蔬菜焯水片段同屏播放，如图5-35所示。

裁剪后同屏效果

图5-35 位置、裁剪参数和效果

步骤16 采用相同的方法，依次将过冷水、盛出备用、加盐、加醋、加蒜蓉、搅拌、盛出装盘等片段从剩余素材中截取出来，并按照上述剪辑顺序进行拼接。

整个短视频剪辑完成后，可按空格键浏览一遍视频，查看该短视频是否顺畅，时长是否精简，如不满意可根据个人需求继续调整。读者可根据自己理解剪辑，也可参考本案例的最终剪辑效果（总时长为29 s）进行剪辑，如图5-36所示。

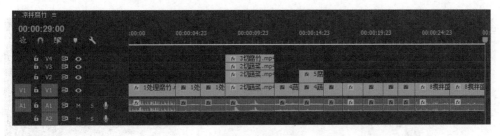

图5-36　剪辑完成后的素材效果

3．添加字幕

该短视频基本剪辑完成后，为了让操作过程更清晰，可为关键步骤添加字幕作为说明，具体操作步骤如下。

扫一扫

编辑《凉拌腐竹》下

步骤1　在项目面板空白处右击，在弹出的菜单中选择"新建项目"＞"标题"选项。在打开的"新建字幕"对话框的"名称"编辑框中输入"步骤字幕"，然后单击"确定"按钮，打开字幕编辑界面，如图5-37所示。

工具栏——

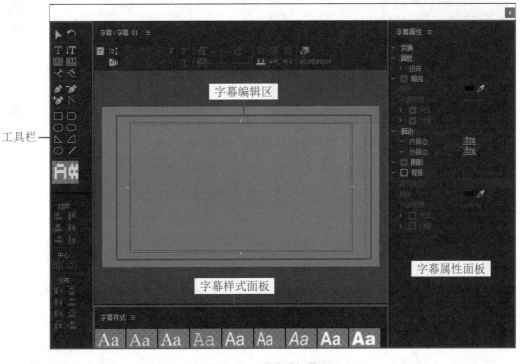

图5-37　字幕编辑界面

步骤2　在字幕编辑界面左侧的工具栏中选择"横排文字"工具 T，在字幕编辑区中单击，然后在新建的文字输入框中输入"腐竹切断"，如图5-38所示。

步骤3　在"字幕属性"面板中的"变换"设置区中设置字幕所在位置，在"属性"设置区中设置字幕的字体和大小，如图5-39所示。设置完成后单击字幕编辑界面右上角的"关闭"按钮，关闭此界面。

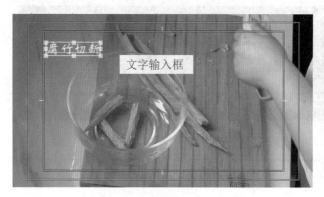

图5-38　输入字幕　　　　　　　　　　　图5-39　设置属性

步骤4　在时间轴面板中添加轨道"V5"，然后在项目面板中将新建的"步骤字幕"素材拖至该轨道中，并使其起始端位于第8帧，然后把光标移至素材末端，当光标变成 形状时，向左拖动，使该素材的末端位于第2秒8帧处，以此调节字幕出现和消失的时间点，如图5-40所示。

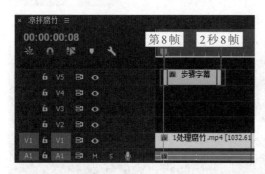

图5-40　调整字幕位置和时长

该短视频中的字幕主要用作操作步骤的说明，因而其字幕的风格、属性应统一，位置要固定，以便加强观众了解的同时，不会喧宾夺主。为此，其他字幕需使用复制的方法进行制作，具体操作如下。

步骤5　在项目面板中新建一个以"字幕"命名的素材箱，并将"步骤字幕"素材拖至其中。

步骤6　按住"Alt"键在"V5"轨道中选择"步骤字幕"素材并向右拖至加温水的片段处。此时，该轨道中及"字幕"素材箱中均增加了一个名为"步骤字幕复制1"的字幕素材。

步骤7　在"字幕"素材箱中双击该素材进入字幕编辑界面，双击文字输入框，将

"腐竹切断"修改为"加温水",然后单击右上角的"关闭"按钮,关闭此面板,即可为加温水的片段处添加字幕。

步骤8 采用上述方法,为重要的做菜步骤画面加上合适的字幕,并适当调整字幕出现的时间及整体时长,如图5-41所示。

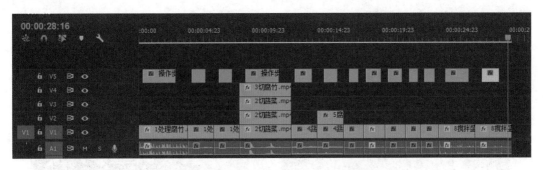

图5-41 字幕添加完成后的时间轴面板

4. 制作片头片尾

接下来以图片关键帧动画结合文字的形式为该短视频制作片头和片尾,具体操作步骤如下。

步骤1 选中时间轴面板中的所有素材,然后整体向右侧拖动2 s,以便加入片头。

步骤2 将"图片素材"素材箱中的"图2.jpg"素材拖至"V2"轨道,并将其时长调整为2 s,然后拖至"V1"轨道。

步骤3 将时间指针拖至0帧,在"效果控件"选项卡中设置图片的位置,然后单击"位置"属性左侧的"关键帧开关"图标◉启用关键帧,自动在当前时间指针位置生成一个关键帧。将时间指针拖至1秒23帧处,调节"位置"参数让图片向右位移,并生成第2个关键帧,具体参数和效果如图5-42所示。此时,预览视频可发现图片自左向右位移。

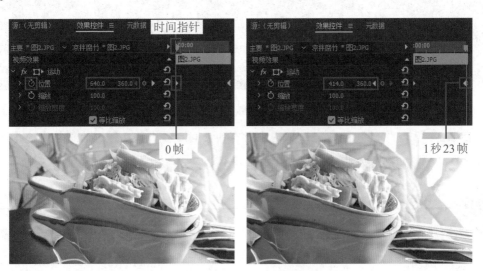

图5-42 制作关键帧动画

步骤4 为片头添加字幕"凉拌腐竹",并将其字体设为"华文隶书",颜色设为纯白色,效果如图5-43所示。

步骤5 采用同样的方法制作片尾。可先将"图1.jpg"拖至所有素材末尾,然后将其时长调整为2 s,接着设置关键帧动画,使片尾呈现自左向右运动的效果,最后为其添加字幕,效果如图5-44所示。

图5-43 片头效果

图5-44 片尾效果

5. 添加转场和背景音乐

为了使该短视频的元素更丰富、效果更有趣,接下来为其添加转场和背景音乐,具体操作步骤如下。

步骤1 在"效果"选项卡中的"视频过渡">"溶解"列表中选择"交叉溶解"效果,然后将其拖至"V1"轨道的切腐竹片段与加水片段之间,为其添加转场,使画面过渡更自然。

步骤2 采用上述方法,在其他片段之间添加转场效果,添加完转场效果后的时间轴面板如图5-45所示。

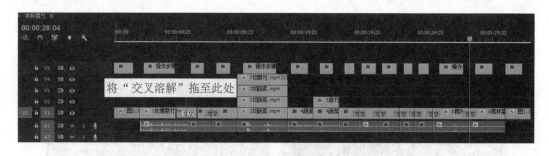

图5-45 添加完转场效果后的时间轴面板

步骤3 框选"V1"和"A1"轨道中所有的素材后右击,在弹出的菜单中选择"取消链接"选项,将所有素材的视频和音频链接取消。

贴心提示

素材的视频与音频是链接在一起的,不解除链接的话,无法对这两部分内容进行单独编辑。

步骤4 选择"A1"轨道中的所有音频，按"Delete"键将素材原声全部删除。

步骤5 将"音乐素材"素材箱中的"背景音乐.mp3"拖至"A1"轨道，然后用"剃刀工具"在片尾结束处将其剪断，并删除右侧部分，以使整体时长与视频一致。

步骤6 在"效果"面板中的"音频过渡">"交叉淡化"列表中选择"指数淡化"效果，并将其拖至"A1"轨道的音乐素材末端，为该背景音乐制作音频淡出效果，如图5-46所示。

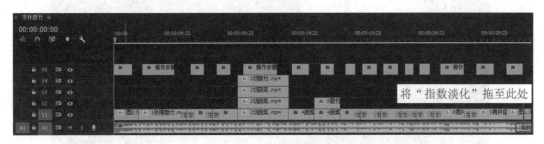

图5-46 添加背景音乐

6. 渲染输出

视频输出之前需先标记好输出的入点与出点，然后设置好格式及输出路径即可，具体步骤如下。

步骤1 将时间指针拖至第0帧，单击"标记入点"按钮 以设置导出的起始点，然后将时间指针拖至所有素材末端并单击"标记出点"按钮，以设置输出的结束点，如图5-47所示。

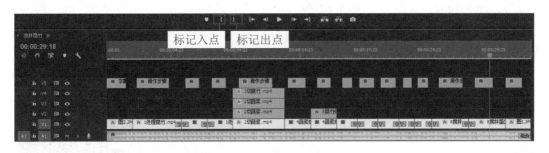

图5-47 标记入点和出点

步骤2 在菜单栏中选择"文件">"导出">"媒体"菜单项，或按"Ctrl+M"组合键，打开"导出设置"对话框。

步骤3 在打开的"导出设置"对话框中，设置"格式"为"H.264"，"预设"为"匹配源-高比特率"，"输出名称"为"凉拌腐竹"，然后单击"导出"按钮，输出短视频，如图5-48所示。

步骤4 输出完成后，可在指定路径中找到输出好的短视频文件。

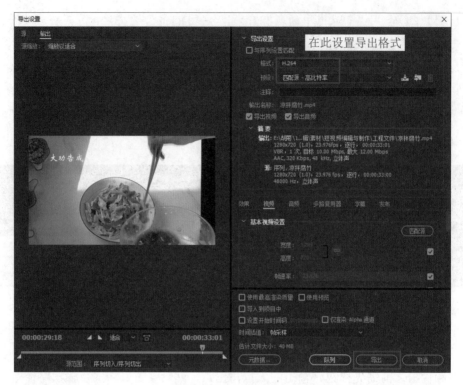

图 5-48　渲染输出

案例实战 2——使用爱剪辑编辑《生命在于运动》

案例说明

　　爱剪辑具有许多创新的编辑功能，自带大量特效和贴纸等元素。本案例便使用爱剪辑来编辑短视频《生命在于运动》。

　　《生命在于运动》是一部以鼓励运动为创作主题的短视频。下面首先对素材进行剪辑与拼接，然后为素材之间添加转场效果，增加画面风格，接着叠加一些元素以丰富画面，最后添加字幕并配上音乐后进行渲染输出。

编辑《生命在于运动》

案例步骤

1. 导入并剪辑视频

　　<u>步骤 1</u>　启动"爱剪辑"，在弹出的"新建"对话框中将"视频大小"设为"1024×576（16∶9）"，然后单击"确定"按钮，进入爱剪辑操作界面，如图 5-49 所示。

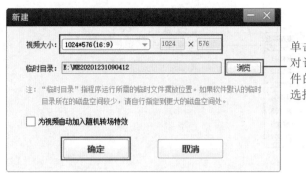

单击此处可在打开的对话框中指定临时文件的存放位置，建议选择内存较大的磁盘

图5-49　新建项目

贴心提示

爱剪辑的操作界面主要由功能组面板、"已添加片段"列表和预览窗口组成，如图5-50所示。

图5-50　爱剪辑操作界面

"功能组面板"中包含各类功能面板和参数设置区，"已添加片段"列表中按序陈列着已导入的素材，"预览窗口"可具有预览、存储、导出和分享等功能。

步骤2　在打开的爱剪辑操作界面中单击"添加视频"按钮，在弹出的"请选择视频"对话框中选择本案例配套素材"章节案例">"第5章">"案例实战2">"素材"文件夹中的所有素材，然后单击"打开"按钮，即可导入素材，如图5-51所示。

步骤3　在预览窗口中单击"保存所有设置"按钮🖫，在打开的对话框中设置工程文件保存路径，并输入文件名"生命在于运动"，然后单击"保存"按钮，最后在弹出的"提示"对话框中单击"确定"按钮，如图5-52所示。

图 5-51　导入素材

图 5-52　保存工程文件

　　视频素材自带的原声各不相同，为了方便后期添加统一的背景音乐，可将其原声去除，具体操作如下。

　　<u>步骤 4</u>　在"视频"面板中选择"素材 02"，并单击"声音设置"区的"原片音量"按钮◀×，然后单击"确认修改"按钮即可去除素材原声，如图 5-53 所示。

　　<u>步骤 5</u>　采用上述方法，将其他素材的原声全部去除（原视频无音轨的无须操作）。

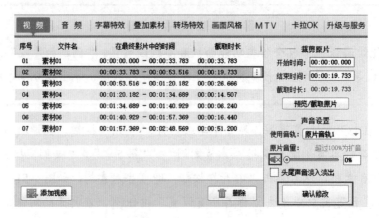

图 5-53　去除素材原声

接下来剪辑素材。本案例的剪辑只需要从每段素材中截取运动的典型动作，以便观众明白是哪种运动形式即可，具体操作如下。

步骤6　在"视频"面板中选择"素材01"，然后单击"裁剪原片"区中的"预览/截取原片"按钮（见图5-54），打开"预览/截取"对话框。

步骤7　截取人物转身的画面片段。在第0帧单击"开始时间"项右侧的按钮🕐，以设置截取片段的开始时间，然后向右拖动播放滑块至第6秒4帧，并单击"结束时间"项右侧的按钮🕐，以设置截取片段的结束时间，最后单击"确定"按钮，即可截取所需片段，如图5-55所示。

图5-54　单击"预览/截取原片"按钮

图5-55　截取转身片段

拖动此播放滑块可调节当前播放时间

单击该按钮可快速获取当前播放的视频所在时间点

知识拓展

若要使视频呈现快进、慢放或定格画面等效果，可以在"预览/截取"对话框中切换至"魔术功能"选项卡，在"对视频施加的功能"下拉列表中选择相关效果即可。

步骤8　采用上述方法，在其他素材中截取出运动的典型动作片段，最终截取片段的时间详情如图5-56所示。

序号	文件名	在最终影片中的时间	截取时长
01	素材01	00:00:00.000 － 00:00:06.040	00:00:06.040
02	素材02	00:00:06.040 － 00:00:10.040	00:00:04.000
03	素材03	00:00:10.040 － 00:00:15.040	00:00:05.000
04	素材04	00:00:15.040 － 00:00:18.040	00:00:03.000
05	素材05	00:00:18.040 － 00:00:20.040	00:00:02.000
06	素材06	00:00:20.040 － 00:00:23.040	00:00:03.000
07	素材07	00:00:23.040 － 00:00:26.040	00:00:03.000

图5-56　片段时间详情

贴心提示

如果在剪辑过程中，对当前素材的排列顺序不满意，可在"已添加片段"列表中选择所需素材并左右拖动，即可调节其先后顺序，如图5-57所示。

图5-57　调节素材顺序

2．添加转场效果

<u>步骤1</u>　在"视频"面板中选择"素材02"，切换至"转场特效"面板，在"淡入淡出效果类"列表中单击"透明式淡入淡出"效果以选择该转场特效，然后在"转场设置"区中将"转场特效时长"设为0.8 s，并单击"应用/修改"按钮，即可在"素材01"和"素材02"之间添加一个转场，如图5-58所示。

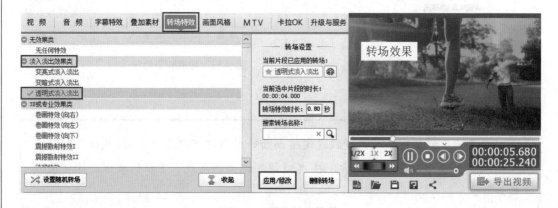

图5-58　添加转场特效

贴心提示

在左侧应用转场效果后，即可在右侧预览区中观看效果，检验转场效果是否合适。

<u>步骤2</u>　采用上述方法为其他素材之间添加"透明式淡入淡出"转场特效，使所有素材之间的衔接更为自然。

3. 设置画面风格

步骤1 在"视频"面板中选择"素材01",切换至"画面风格"面板,然后在"滤镜"选项卡的"新奇创意效果"列表中选择"重叠画中画"滤镜,并单击"添加风格效果"按钮,在展开的下拉列表中选择"指定时间段添加风格"选项,如图5-59所示。此时,可打开"选取风格时间段"对话框。

步骤2 在"选取风格时间段"对话框中设置滤镜的开始时间和结束时间,然后单击"确认"按钮(见图5-60),返回"画面风格"面板。

步骤3 在"效果设置"区,勾选"柔和过渡"复选框,并设置其"大小"参数,然后单击"确定修改"按钮,调节滤镜效果,如图5-61所示。

图5-59 添加滤镜 　　　图5-60 设置滤镜时间段 　　图5-61 设置滤镜参数

步骤4 采用上述方法,为"素材03"添加"动景">"特色动景特效"列表中的"画心"动景,为"素材04"添加"动景">"特色动景特效"列表中的"可爱星星"动景,添加后画面效果如图5-62所示。

"画心"动景效果　　　　　　　　　　"可爱星星"动景效果

图5-62 为素材添加风格效果

4. 添加字幕

步骤1 在"视频"面板中选择"素材01",切换至"字幕特效"面板,然后在预览窗口的画面中双击,在打开的对话框中输入文字"生命在于运动",最后单击"确定"按钮,如图5-63所示。

步骤2 在"字体设置"选项卡输入文字的字体和大小，具体参数如图5-64所示。

在此区域内双击可打开
"输入文字"对话框

图5-63　添加字幕　　　　　　　　　　图5-64　设置字体和大小

步骤3 在"特效参数"选项卡中设置"出现时的字幕""停留时的字幕""消失时的字幕"的"特效时长"均为1 s，具体参数和画面效果如图5-65所示。

图5-65　时间参数和画面效果

5．视频配乐与导出

步骤1 切换至"音频"面板并单击"添加音频"按钮，在展开的下拉列表中选择"添加背景音乐"选项。

步骤2 在打开的对话框中选择"欢快.mp3"音乐，然后单击"打开"按钮（见图5-66），在弹出的"预览/截取"对话框中单击"确定"按钮，即可插入背景音乐。

步骤3 在"裁剪原音频"区中单击"预览/截取"按钮，在打开的对话框中设置背景音乐的开始时间与结束时间，设置完成后单击"确定"按钮，如图5-67所示。

步骤4 在"音频音量"区中勾选"头尾声音淡入淡出"复选框，然后单击"确认修改"按钮，为背景音设置淡入与淡出的效果，如图5-68所示。

步骤5 在预览窗口中单击"导出视频"按钮，在打开的"导出设置"对话框中单击两次"下一步"按钮，然后在"画质设置"中设置导出的格式、尺寸和路径，最后单击"导出视频"按钮，如图5-69所示。

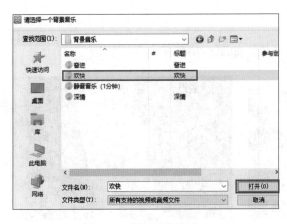

图 5-66 添加背景音乐

图 5-67 截取背景音乐

图 5-68 设置淡入淡出

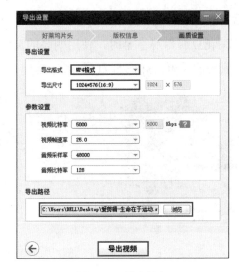

图 5-69 导出视频

步骤6 导出视频后，可在保存路径下找到制作好的短视频。

优秀作品赏析

短视频《功夫而已，广东人弄得跟切菜一样》利用短短30秒将粤菜厨师娴熟的刀工和高超的技艺表现得淋漓尽致。那么，创作者是如何利用短视频展现的呢，主要还是依靠后期处理来完成的。

首先，利用一首与情景十分契合的背景音乐，搭配"紧锣密鼓"的画面剪辑，使短视频整体节奏活跃且极具气势，在瞬间抓住观众视线。

其次，在表现厨师技艺超群的画面时，使用极富技巧的剪辑手法来表现。例如，在表现切黄瓜的画面时，创作者利用重复剪辑的方法，通过中景和近景两个镜头重复性表

扫一扫

优秀作品赏析

现了黄瓜切后"片片断，片片连"的效果，如图5-70所示。

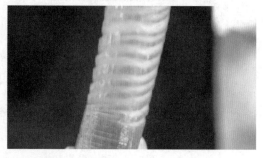

图5-70　动作重复剪辑

最后，在制作字幕时，使用的字体辨识度高且颜色简单。例如，在制作"气球切丝"和"菊花豆腐"等字幕时，使用明亮的黄色来突出刀工名称，让观众对炉火纯青的刀工有更直观的了解，如图5-71所示。

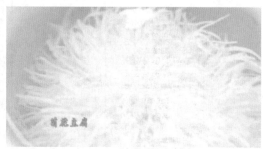

图5-71　黄色字幕

不断学习，才是成为后期处理高手的唯一途径

后期处理是短视频创作过程中非常重要的一个环节，对于短视频最终效果呈现有着举足轻重的作用。后期处理可以让画面效果更有冲击力（见图5-72），可以让整段视频更流畅……

后期处理需要创作人员具备一定的审美能力、画面把控能力、软件操作能力，而这些能力需要不断地学习与积累，才能实现从量变到质变的飞跃。

图5-72　后期处理前后效果对比

本章实训

请利用本书配套资源"章节案例" > "第5章" > "本章实训" > "素材"文件夹中的素材创作一部风景展示短视频，要求有片头、字幕、转场、多屏播放和背景音乐等，其案例效果如图5-73所示。

还有诗和远方的田野

图5-73　案例效果截图

提示：

① 导入视频素材和背景音乐。

② 将素材按照夕阳、山坡、向日葵、云海分类进行剪辑。

③ 为片头字幕和背景音乐制作淡入淡出的效果。

④ 为云海延时画面制作多屏播放效果。

学习目标

- 了解什么是Vlog。
- 掌握Vlog的创意来源。
- 能够灵活利用所学知识制作一个Vlog。

素质目标

- 加强实践练习，提升专业技能。
- 感受在党领导下，中国的发展变化。

06

CHAPTER

综合实战1——制作Vlog

章前导读

　　Vlog因内容真实、贴近生活而深受观众喜爱。为了帮助读者掌握Vlog的相关知识，本章首先讲解什么是Vlog和Vlog的创意来源，然后通过案例实战，讲解制作Vlog的具体步骤和方法。

6.1　什么是Vlog

传统意义上的Vlog（Video log）是一种视频博客，也就是用视频代替文字和图片作为记录生活的日志。这里所讲的Vlog指的是以个人日常生活为拍摄和制作题材的短视频。下面从Vlog的内容特点和拍摄方式两方面进行简单介绍。

（1）内容特点。Vlog的拍摄内容以记录创作者的生活日常为主，具有真实性和亲民性。例如，某央视主持人以其旅行为创作主题制作了一个Vlog，获得了极高的点击量，如图6-1所示。

图6-1　Vlog内容

（2）拍摄方式。区别于传统影视作品的团队合作拍摄方式，Vlog是以创作者的自拍为主要拍摄方式，个人可随时将身边发生的事情利用镜头记录下来，如图6-2所示。

图6-2　Vlog自拍

6.2　Vlog的创意来源

6.2.1　人设创意

人设指Vlog中主角的人物设定。人设创意主要来源于人物的形象、性格和言行举止3个方面。

（1）人物形象。Vlog中的人物形象主要是指性别、外貌和身份。不同的性别、不一样的外貌和身份往往能够给观众带来不一样的观感和生活体验，创作者可以利用这一点，打造独具特色的人设，利用自身形象特征吸引粉丝关注。

（2）人物性格。人物性格主要指Vlog主角的个人思想和对事物采取的态度。在拍摄Vlog时主要通过创作者与观众互动，或分享个人对事物独特的见解来体现人物性格。人物性格是吸引粉丝持续关注的重要因素。

（3）人物言行举止。在Vlog中人物言行举止主要体现在口头禅和标志性动作两方面。拍摄Vlog时利用带有新意的话语进行自我介绍，并配上相应的手势动作，形成创作者的口头禅和标志性动作，往往会给观众留下深刻印象。

6.2.2 风格创意

Vlog的风格创意主要可从色彩和元素两方面进行创新。

（1）色彩。创作者可利用后期调色制作出独特创意的画面效果，使其作品呈现鲜明的个人特征。例如，降低文艺风Vlog的画面色彩饱和度，利用单一的红色打造出强烈的复古风格，如图6-3所示。又如，在表达压抑心情的Vlog中加入黑白色画面，能营造灰霾天空与忧郁的视觉效果，如图6-4所示。

图6-3　复古风格

图6-4　黑白色调

（2）元素。元素创意主要来源于图片或文字呈现在Vlog中的形式是否能给观众带来视觉上的新颖感。例如，在制作复古风Vlog时，结合拍摄的视频内容，为其添加带有特色的彩色边框图片及相应颜色的文字，便可使其复古风格更浓郁，形成独特的画面效果，如图6-5所示。

图6-5　复古风Vlog

案例实战——制作Vlog《冬天的公园》

实战分析

本案例以冬天的公园为主题，制作一个时长在两分钟以内的Vlog《冬天的公园》，如图6-6所示。在制作这样一个Vlog之前，首先需要根据主题设计拍摄脚本，根据需求准备拍摄设备，然后完成现场拍摄，后用美拍进行后期处理，将原本零散的素材组成一部完整的短视频。

图6-6 《冬天的公园》

《冬天的公园》这一选题是根据创作者的性格及爱好确立的，精彩的Vlog在表现真实生活的同时，会塑造出生动的人物形象。因而，在制作该短视频时，从前期的脚本开始就要着重表现真实的场景和事件，重点体现人物的所见所闻和个人性格特点。一直到后续的拍摄和剪辑，都要充分展现创作者的思想和风格，才能制作出真实又有趣的Vlog。

实战准备

为了使现场拍摄和后期制作更加顺畅，需要提前设计脚本、准备拍摄设备及查看拍摄场地。

1. 设计脚本

本案例制作的Vlog以冬天的公园为主题来记录创作者周末的生活，在设计其脚本时只需要根据主题安排当天的行程即可，具体脚本如下。

《冬天的公园》脚本

在家准备出发时与观众互动

出镜介绍公园

路过的场景

公园里的植物

公园里的人

结束公园的游玩，分享感受

2. 准备拍摄设备

拍摄Vlog应优先考虑拍摄设备的轻便性和可随身携带性。为了灵活拍摄各类镜头，本案例选择手机作为拍摄器材，并搭配了既可手持运作，又可固定支撑的手持稳定器辅助拍摄，如图6-7所示。

图6-7 准备拍摄设备

贴心提示

拍摄时需要准备充电宝，以保证手机和手持稳定器在整个拍摄过程中有充足的电量。

3. 查看拍摄场地

为了更好地完成拍摄任务，需要在正式开拍之前去公园踏看场地，以掌握公园的大致地形和拍摄路线。

实战步骤

Vlog制作分为现场拍摄和后期处理两大步骤。接下来首先使用手机在各个场景中拍摄所需镜头，然后利用手机软件美拍进行编辑与制作。

1. 现场拍摄

本案例的现场拍摄较为灵活，具体来讲包括室内拍摄和公园拍摄两部分。下面为大家讲解本案例拍摄的关键步骤及主要运用的拍摄技巧，读者可在本案例配套资源"章节案例" > "第6章" > "素材" > "视频"文件夹中查看拍摄好的成品。

扫一扫

拍摄《冬天的公园》

1）室内拍摄

在室内拍摄与观众互动的镜头。由于室内空间小，创作者拍摄时可直接手持手机，用自拍模式拍摄自我介绍与标志性动作的镜头，如图6-8所示。

手持手机自拍

画面效果

图6-8　室内自拍

> **贴心提示**
>
> 此处拍摄的内容是创作者与观众的互动，可向观众简述短视频的主题，引导观众继续观看。

2）公园拍摄

在公园拍摄的镜头主要包括3部分：一是自拍创作者与观众互动的镜头；二是拍摄创作者游园镜头；三是拍摄各类景物镜头，具体操作如下。

步骤1　在公园自拍第1个镜头，展示一下人物与环境，并再次与观众进行互动，如图6-9所示。

用稳定器辅助自拍

画面效果

图6-9　室外自拍

在室外拍摄时，由于空间广阔，不定性因素也较多，为了能拍摄到更稳定的画面和更宽广的视角，可使用手持稳定器辅助拍摄。

接下来需要拍摄一些创作者游园的镜头，以便让观众了解公园的环境，具体操作如下。

步骤2 找好机位架好拍摄设备，使用固定镜头拍摄人物路过树林的全景，如图6-10所示。

图6-10 使用固定镜头拍摄树林全景

步骤3 使用俯拍镜头拍摄人物走路的脚部特写镜头，以丰富后期剪辑素材，如图6-11所示。

图6-11 俯拍脚部特写

步骤4 使用固定镜头拍摄人物走过桥面、水边、草地，以及跑上落满树叶的山坡4组镜头，如图6-12所示。

图6-12 使用固定镜头拍摄4组画面

步骤5　采用步骤3中的方法，拍摄人物走过银杏叶和穿过草地时的脚部特写镜头，以此呈现公园的环境，丰富画面语言。

贴心提示

为了使后期剪接出的画面更流畅、自然，在拍摄人物走过的场景时，要始终保持人物从同一个方向进入画面，同一个方向走出画面。

拍摄完创作者游园的镜头后，接下来拍摄展示公园景物的镜头，以便将公园里的植物和自然景色等呈现给观众，具体操作如下。

步骤6　使用自左向右运动的摇镜头仰拍树上的浆果，以便全方位展示红色浆果的颜色和形态，如图6-13所示。

图6-13　摇镜头仰拍浆果

步骤7　使用推镜头拍摄树上的松果，以突出松果层层交叠的细节，如图6-14所示。

图6-14　推镜头仰拍松果

步骤8　采用上述方法，用自下而上运动的摇镜头拍摄公园里的树木，用拉镜头拍摄树洞，用移镜头拍摄阳光照射下的山坡，如图6-15所示。

图6-15　拍摄静态景物

步骤9 如果被摄景物本身有一定的运动，使用固定镜头拍摄效果更佳。用固定镜头拍摄银杏叶在风中摆动，河水在流淌，递松果3组画面，以稳定的画面呈现动态景物的特点，如图6-16所示。

图6-16　拍摄动态景物

贴心提示

所有想要分享给观众的事物都可以拍摄下来，现场拍摄的素材宁多勿少，以备后期剪辑。

2. 后期处理

现场拍摄完成后，简单浏览一遍视频素材，将确定无法使用的镜头删除。下面首先使用美拍对素材进行剪辑，然后添加转场、边框、贴纸、文字等，接着对画面进行调色，最后添加封面并发布至网络。

扫一扫

编辑《冬天的公园》上

1）素材剪辑

本案例在剪辑时将整个Vlog分为3部分，第1部分是自拍创作者与观众互动，第2部分是展示创作者游园，第3部分是展示公园各类景物。按此逻辑进行剪辑，呈现创作者在公园的所见所闻，具体操作如下。

步骤1　启动美拍后，单击屏幕正下方的 ⊕ 按钮，进入拍摄界面，在该界面中单击"相册"按钮 🖾 进入素材选取界面。

步骤2　在素材选取界面中按照顺序选择素材（可在本书配套资源"章节案例"＞"第6章"＞"素材"＞"视频"文件夹中获取），然后单击"剪视频"按钮导入素材，进入"视频剪辑"界面，具体的素材导入顺序如图6-17所示。

图6-17　导入素材

　　剪辑创作者与观众互动的自拍镜头时，只需将互动的关键片段截取出来即可，第1个自拍镜头中有一个手挡镜头的动作，为了将该动作作为挡黑转场以衔接后续公园的镜头，需要将其后续多余片段剪掉，具体操作如下。

　　<u>步骤3</u>　在"视频剪辑"界面中选择片段1（室内自拍），然后单击"编辑"按钮🗷，切换至"编辑"面板，如图6-18所示。

　　<u>步骤4</u>　在"编辑"面板中将右侧滑块向左拖动，留取15.6 s素材内容（见图6-19），单击☑按钮即可完成此段编辑，此时返回"视频剪辑"界面。

图6-18　"编辑"面板　　　　　　　图6-19　截取互动关键片段

　　<u>步骤5</u>　采用上述方法，分别在片段9（自拍公园开场白）中截取讲话的关键片段（7.7 s左右），在片段21（自拍结尾告别）中截取与观众挥手告别关键片段（4.8 s左右）。

　　剪辑创作者游园部分时需要人物是从同一个方向进入画面并离开画面，因而该部分内容只需要从素材中截取人物从入画到出画的关键片段即可。

步骤6 采用步骤3和步骤4的方法截取片段2（人物穿过树林）人物出现在画面中到人物走出画面部分，然后单击 ☑ 按钮完成此段编辑，具体截取画面如图6-20所示。

图6-20 截取人物入画到出画的片段

步骤7 采用上述方法，截取片段4（过桥）、片段5（路过水边）、片段7（走过草地）和片段19（跑上山坡）4组素材中人物从入画到出画的片段。

初步截取完成后，为了让画面的角度和景别更加多样，需要将全景和特写画面穿插剪辑在一起，制作多个景别走过同个场景的效果，具体操作如下。

步骤8 在"视频剪辑"界面中选择片段2（人物穿过树林），然后单击"编辑"按钮 ☒ ，切换至"编辑"面板。

步骤9 向左滑动画面时间轴，直至白色指针位于18 s左右（画面显示人物走到第二棵树），然后单击"分割"按钮 ▌▌，如图6-21所示。此时片段2（人物穿过树林）被分割成两部分，单击 ☑ 按钮，返回"视频剪辑"界面。

步骤10 在"视频剪辑"界面选中片段4（特写走过脚部）不松手，打开调整视频顺序面板，将片段4拖至切割后的片段2和片段3之间，将穿过树林的脚部特写片段加在全景入画片段之后以丰富整个行走过程，如图6-22所示。

片段序号

位移过来的片段

图6-21 切割片段　　　　　　图6-22 位移片段

<u>步骤11</u> 截取片段7（银杏脚部）人物脚部从入画到出画的片段，让其丰富路过水边的画面；截取片段9（特写草地脚部）人物脚部从入画到出画的片段，让其丰富走过草地的画面。

贴心提示

单击"播放"按钮▶，将剪辑完成的短视频预览一遍，如有不满意的地方，可继续选中需要修改的素材进行编辑。

景物展示部分只需在素材中截取出景物的代表性画面即可，具体操作如下。

<u>步骤12</u> 在"视频剪辑"界面中选择片段11（树木摇镜头），截取自下而向上摇镜头展示树木的关键片段，具体截取画面如图6-23所示。

图6-23 截取树木展示镜头

<u>步骤13</u> 采用上述方法，截取其后8个景物镜头的关键片段，并按照浆果、树洞、树上的松果、递过来的松果、阳光下的树林、银杏叶、水边银杏叶、河水的顺序排序拼接。在这些片段后的是剪辑好的跑上山坡、从山坡往下看及结尾告别这3组片段。

2）添加转场

接下来在自拍镜头与其他镜头衔接处添加转场效果，以减少拍摄方式切换的突兀感，具体操作如下。

<u>步骤1</u> 在"视频剪辑"界面中单击片段1（室内自拍）和片段2（全景走过树林）之间的 ▯ 按钮，切换至"转场"面板，如图6-24所示。

<u>步骤2</u> 在"转场"面板中选择"基础"下的"渐变"转场（见图6-25），然后单击 ✓ 按钮，返回"视频剪辑"界面。

<u>步骤3</u> 采用上述方法，在片段9（特写草地脚部）和片段10（自拍公园开场白）之间添加"基础"下的"闪白"转场；在片段10（自拍公园开场白）和片段11（树木摇镜头）、片段21（摇镜山坡）和片段22（自拍结尾告别）之间添加"基础"下的"溶解"转场。

◆ 扫一扫 ◆

编辑《冬天的公园》下

图6-24 "转场"界面

图6-25 添加转场

3）添加边框和贴纸

接下来为Vlog添加统一的边框，以打破常规画面观感，令人耳目一新；为Vlog添加贴纸，使其更直观地传达创作者的心情，打造文艺的画面效果，具体操作如下。

步骤1 在"视频剪辑"界面中单击"边框"按钮▢，切换至"边框"面板，在"边框"面板中选择"基础"，并往上滑动边框选择区，找到所需的边框样式，单击此样式即可为视频添加该边框，如图6-26所示。选择边框后，单击"应用到全部"按钮，然后单击▢按钮，进入边框编辑界面（见图6-27），再次单击▢按钮，返回"视频剪辑"界面。

图6-26 添加边框

图6-27 边框编辑界面

步骤2 在"视频剪辑"界面中选择片段2，单击"贴纸"按钮，切换至"贴纸"面板，在"贴纸"面板中选择"Vlog"，并在贴纸选择区找到所需的贴纸样式，单击此样式即可为视频添加该贴纸，然后单击按钮进入贴纸编辑界面（见图6-28），调整贴纸时长，使贴纸时长与片段2时长相等，再次单击按钮，返回"视频剪辑"界面。

图6-28 添加贴纸并编辑

步骤3 采用上述方法，为片段22（自拍结尾告别）添加"Vlog">"Weekly Vlog"贴纸，添加贴纸前后画面效果如图6-29所示。

无贴纸效果　　　　　　　　　　　　　带贴纸效果

图6-29 添加贴纸前后画面效果

4）添加字幕

添加完边框和贴纸后，接下来添加字幕，以帮助观众更清晰直观地接收创作者传达的信息，具体操作如下。

步骤1 在"视频剪辑"界面中选择片段1，然后单击"文字"按钮，切换至"文字"面板，如图6-30所示。

步骤2 在"文字"面板中设置文字的风格、字体，然后将视频中的文字图标缩小并移至画面正下方，最后在文字输入框中输入文字"又到周末了"，如图6-31所示。确认文字输入无误，单击☑按钮进入文字编辑界面。

图6-30 "文字"面板　　　　　　　　　　图6-31 设置文字样式

步骤3 在文字编辑界面中，可通过拖动文字素材两侧的滑块（见图6-32），调整文字素材的长度，使其与对应的音频长度相同，调节完成后，单击☑按钮，返回"视频剪辑"界面。

图6-32 调节字幕长度

步骤4 采用上述方法，根据片段1中人物所讲内容，添加剩余字幕，然后为片段10（自拍公园开场白）添加字幕。

5）美化素材画面

为打造整体清新文艺的风格，接下来首先为素材添加滤镜，统一全片的色调，然后为人物自拍画面设置美颜效果，具体操作如下。

步骤1　在"视频剪辑"界面中选择片段2（全景走过树林），然后单击"滤镜"按钮🔘，切换至"滤镜"面板，在该面板中找到"复古"下的"知秋"滤镜并单击，以将该滤镜应用到所选片段上，如图6-33所示。

步骤2　再次单击"知秋"滤镜，其下方会出现调节滤镜透明度滑块，将滑块拖至"52"位置，以使滤镜效果更加自然，然后单击"应用到全部"按钮，将该短视频设置成统一的色调（见图6-34），最后单击▣按钮，返回"视频剪辑"界面。

图6-33　添加"知秋"滤镜

图6-34　调节滤镜

贴心提示

素材数量过多时，单个调色效率较低，此时可利用"应用到全部"命令统一调色。这样不仅能节省时间，还能使整个短视频风格统一。

为有人物的镜头单独添加美颜效果的具体操作如下。

步骤3　选择片段1（室内自拍）后，单击屏幕底部的"视频美容"，进入"视频美容"界面，然后单击"美颜"按钮🔳，切换至"美颜"面板，如图6-35所示。

步骤4　在"美颜"面板中，默认选择"磨皮"，拖动磨皮强度调整滑块调整磨皮强度，如图6-36所示。

步骤5　采用上述方法，为片段10（自拍公园开场白）和片段22（自拍结尾告别）添加美颜效果。

<table>
<tr><td>图6-35　选择"美颜"</td><td>图6-36　设置磨皮</td></tr>
</table>

图6-35　选择"美颜"　　　　　　　　　　　图6-36　设置磨皮

6）添加背景音乐

为剪辑好的短视频添加背景音乐的具体操作如下。

<u>步骤1</u>　单击屏幕底部的"视频剪辑"，切换至"视频剪辑"界面，选择片段2（全景走过树林），单击"编辑"按钮▨，切换至"编辑"面板，然后单击"音量"按钮▧，在切换的"音量"面板中拖动滑块至最左侧，最后单击▢按钮，以将该片段的原声消除，如图6-37所示。

图6-37　消除原声

步骤2　采用上述方法消除片段3～片段9的原声，然后单击▢按钮，返回"视频剪辑"界面。

步骤3　在"视频剪辑"界面中单击"音乐"按钮♪，切换至音乐选择界面，选择"VLOG"选项，在该选项下单击要作为背景音乐的歌曲名称，此时该歌曲名称右侧出现"使用"按钮（见图6-38），单击"使用"按钮进入音乐编辑界面。此时背景音乐已经在音乐轨道上了。

步骤4　拖动时间指针使其位于片段1和片段2之间（转换场景的时间点），单击"分割"按钮▮▮将背景音乐剪断（见图6-39），选择时间指针右侧的音乐片段，单击"删除"按钮▤将其删除。

步骤5　选择保留的音乐片段，单击"淡入淡出"按钮▮▮▮，切换至"淡入淡出"面板，设置淡入淡出参数（见图6-40），然后单击▢按钮。

步骤6　单击"音量"按钮◀▮，切换至"音量"面板，设置音量参数（见图6-41），然后单击▢按钮，最后再次单击▢按钮，返回"视频剪辑"界面。

 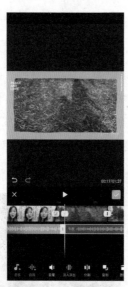  

图6-38　选择背景音乐　　图6-39　剪辑背景音乐　　图6-40　设置淡入淡出　　图6-41　设置音量

贴心提示

　　此处将背景音乐音量调低是为了使人物说话的声音更清晰，而开启淡入、淡出效果能让背景音乐自然地出现与消失。另外，添加的背景音乐长度与剪辑好的视频时长不一致时，需要对背景音乐进行剪辑以使声画同步。

步骤7　采用上述方法，为片段10（自拍公园开场白）添加同样音量的歌曲"午夜"作为背景音乐；为创作者游园部分内容和展示景物部分内容添加合适的背景音乐。

7）添加封面并发布

Vlog一般带有精美的封面，封面不仅能增加画面的多元性、趣味性，还能精简概括Vlog的主题。接下来便导入制作好的封面图片，与视频内容进行合成并发布，具体操作如下。

步骤1 在"视频剪辑"界面中单击右上角的"下一步"按钮，进入"发布"界面，如图6-42所示。

步骤2 单击"选封面"按钮，进入"设置封面"界面，单击"上传"按钮 ，进入素材选取界面，从中选择封面图片（可在本书配套资源"章节案例">"第6章">"素材">"图片"文件夹中获取，也可自己尝试制作），单击后进入"裁剪封面"界面，保持默认参数，单击该界面右上角的"完成"按钮 导入封面，此时返回"设置封面"界面，单击该界面右上角的"完成"按钮 ，返回"发布"界面，如图6-43所示。

图6-42 "发布"界面

图6-43 导入封面图片

步骤3 在"发布"界面中为短视频添加标题与描述（见图6-44），然后单击"发布"按钮 ，即可完成短视频的制作、上传与保存。

步骤4 发布的短视频可在创作者的个人首页中查看；保存的视频可在个人手机相册中找到，至此本案例实战结束。

 贴心提示

发布视频后，"草稿箱"中的视频草稿将删除。

图6-44　添加标题与描述

首届"看见美丽中国"全国短视频大赛

2021年5月19日，"看见美丽中国"全国短视频大赛（见图6-45）在北京启动，大赛以"你我向上，国家向前"为创作主题，号召中华儿女用丰富、真实、鲜活的短视频作品发现美丽中国、看见美丽中国……打造珍贵的国家影像志。在众多参赛作品中，有一些优秀作品值得我们观看和学习。例如，《走在这路上》是以老人写墙体标语贯穿乡村振兴的整个阶段。墙体标语是最能够体现当时国家政策的一个媒介，可见作者选取的主线多么巧妙。

作为新时代的青年，我们不但可以通过多看优秀作品来开阔视野，还可以通过多参加大赛来提升专业技能，如"洪泽·红"全国微视频大赛、齐文化短视频大赛等。

图6-45 "看见美丽中国"全国短视频大赛海报

学习目标

- 了解淘宝商品短视频的常见类型。
- 掌握淘宝商品短视频的制作要点。
- 能够灵活运用所学知识，制作淘宝商品短视频。

素质目标

- 关注国家政策方针，增强社会责任感。
- 紧跟时代发展，合理利用智能电子产品。

07
CHAPTER

综合实战2——制作淘宝商品短视频

章前导读

目前，利用短视频展示商品已经成为一种流行趋势。以淘宝为首的电商平台相继推出相应的技术服务和推广支持，利用短视频展示板块，让消费者对商品有了更直观的感受，以此提高商品销售率。

本章首先讲解淘宝商品短视频分类及其制作要点，然后为了能够学以致用，将带领大家制作一个展示小型加湿器的短视频。

7.1　淘宝商品短视频常见类型

淘宝商品短视频一般放在商品出售页面，用于介绍商品的功能、特点和使用方法等。常见的淘宝商品短视频有展示型和内容型两种。

（1）展示型。展示型商品短视频内容基本以展示商品外观、功能为主，时长一般控制在9～30 s。

（2）内容型。内容型商品短视频是在展示商品的基础上，利用与商品相关的剧情表演丰富内容，以便更详细地描述商品特性，时长一般在3 min以内。

贴心提示

如果淘宝商品短视频中涉及的商品需要放到其他电商平台进行销售，一般会先剪辑一个完整版本，然后根据不同电商平台的要求，再分别剪辑出30 s、15 s、8 s等多种版本，以供相应电商平台使用。

7.2　淘宝商品短视频制作要点

制作淘宝商品短视频的目的是为了展示商品的属性和功能，并根据商品特性强化商品的卖点。下面从商品文案、现场布置和现场拍摄3大方面介绍淘宝商品短视频的制作要点。

7.2.1　商品文案

商品文案是指出现在短视频画面中的所有文字。创作者在制作商品短视频之前，首先要对商品进行全方位的了解，然后用精练的文字提取商品特点，以确保能准确、快速地传达给消费者。商品文案的编写可分为两步：第一步是提取商品卖点；第二步是编写文案。

（1）提取卖点。商品的卖点主要体现在功能、特点和外观3方面。以一款蓝牙音箱为例（见图7-1），其功能主要是播放音乐以供人们娱乐和放松，特点是有可视化的电子屏，可当做时钟，外观简约、颜色丰富则是吸引年轻人的主要卖点。

（2）编写文案。根据商品卖点可提炼出商品文案，文案最重要的是形象、直接、易懂。以上述蓝牙音箱为例，将其音乐播放功能总结为"HIGH不能止"，以体现这款音箱播放音乐时深入人心的音质；将其有可视化电子屏的特点精练成"时间温度，一目了然"，以突出使用其电子屏幕的便捷性；其简约且时尚的外观，用"颜值即正义"等流行语作为文案，简单、明了地体现了该音箱漂亮的外观。

图7-1　蓝牙音箱

7.2.2　现场布置

拍摄短视频前，需要先进行现场布置，主要包括场景布置、商品布置和灯光布置3个方面。

（1）场景布置。场景布置指用来模拟情景环境、营造气氛的各类辅助物品的摆放位置和呈现角度。布置场景时需要注意以下两点：① 保证布景风格与商品风格相符；② 场景布置切勿太过复杂，以免影响商品的展示。

（2）商品布置。商品布置指商品的摆放位置和呈现角度。为保证拍摄质量，布置时需要注意以下3点：① 保证商品外观完整无破损；② 保证商品干净整洁；③ 保证商品处于视觉突出位置。

（3）灯光布置。拍摄淘宝商品时，一般会使用"三点照明"法进行布光。三点照明又称区域照明，是利用3个光源去照亮物体，3个光源分别是主光、辅助光和轮廓光，如图7-2所示。

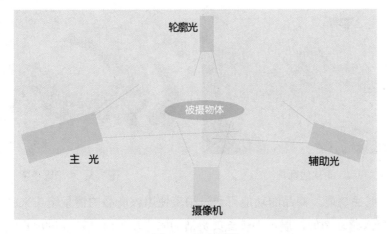

图7-2　三点照明

布置灯光时需要注意以下两点：① 可根据现场光线情况灵活运用三点照明法，实际效果好即可；② 光线布置以突出商品为主，光度和光温都要与商品风格相匹配。

7.2.3　现场拍摄

现场拍摄需要展示商品的外观、特点和功能，以便让用户更清晰地了解商品。

（1）展示商品外观。商品外观需要从各个角度展示，以便用户真正了解商品整体造型和质感。例如，在拍摄小型加湿器时，可使用平拍角度拍摄商品全景，向用户展示商品的整体形象，使用俯拍角度拍摄出气口特写，向用户展示商品局部细节，如图7-3所示。

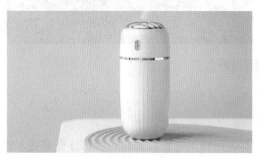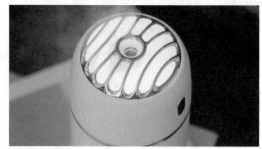

图7-3　展示加湿器全景和特写

 贴心提示

展示商品外观时，应先展示商品的整体，再展示局部细节的设计亮点。

（2）突出商品特点。商品的特点主要体现在材质或大小等方面。拍摄时为了能够突出商品特点，往往会利用辅助物衬托。例如，拍摄毛绒玩具时，通过拳头打玩具的镜头，能够突显商品柔软的质感（见图7-4）。又如，拍摄小型暖手宝时，通过手轻松握住商品的镜头，能够突出商品小巧的体积，如图7-5所示。

图7-4　柔软的玩具　　　　　　　图7-5　小型暖手宝

（3）强调商品功能。商品的功能可通过拍摄使用该商品的情景镜头来强调，以使用户有更强的代入感。例如，展示手机支架灵活的固定功能时，可通过用户躺着看手机视频的镜头来强调（见图7-6）；展示手机三脚架稳定的支撑功能时，可通过演员自拍的镜头来强调，如图7-7所示。

图7-6　展示手机支架功能

图7-7　展示手机三脚架功能

案例实战——制作短视频《小型加湿器》

实战分析

本案例实战是为一款小型加湿器制作一部展示型的商品短视频，如图7-8所示。在制作这样一部短视频前，需要先了解商品的卖点及其用户定位，然后再有针对性地设计文案和脚本，以便后续的拍摄和剪辑。

图7-8　短视频《小型加湿器》

本案例实战中的小型加湿器的主要用户群体是20～35岁的办公室人群。此类人群的特点是年轻、有活力，喜欢既时尚又实用的商品，整体消费能力相对较高。因而，在制作该短视频时，从前期的文案和脚本开始就要着重抓住这类人群的喜好，重点体现用户想要了解的商品特点，一直到后续的拍摄和剪辑，都要充分考虑用户特性，才能制作出既时尚又简约，且能表现出商品卖点的短视频。

实战准备

为了能够顺利完成拍摄和剪辑任务，在正式拍摄制作之前，需要先进行一系列准备工作，包括设计文案和脚本、准备拍摄设备及布置场景和灯光。

1. 设计文案和脚本

1）文案

本案例拍摄的小型加湿器的主要卖点是：① 能够为干燥的环境补充水分；② 具有静音加湿、长时间续航、侧翻不漏水等特点；③ 拥有小巧便携、模拟动物的时尚外观。

为了能够体现加湿器的功能、特点和外观，下面需要根据其卖点设计文案。该文案可先用"小型加湿器"作为标题，直观明了地介绍商品，然后用"细腻水雾，静音加湿，可持续工作6小时"展示商品的功能，用"比智能手机更小巧"体现商品的外观，再用"倾倒防漏水设计"等突出商品的特点，最后把小型加湿器的使用方法简单介绍一下，用"小型加湿器，滋润你的办公生活"作为结束语，具体文案如下。

《小型加湿器》文案

小型加湿器

细腻水雾，静音加湿，可持续工作6小时

比智能手机更小巧

陪伴着你工作

倾倒防漏水设计

照顾你偶尔的小冒失

将棉条浸泡3分钟

将棉条装上盖好

USB充电

可接电脑

接充电宝

按一下持续出水雾

按两下间歇出水雾

按三下关闭

小型加湿器，滋润你的办公生活

2）脚本

根据文案便可构思商品短视频的脚本。第1个镜头拍摄商品全景以便展示商品的全貌，接着第2个镜头使用特写突出商品的功能，第3个镜头使用手机与其对比的画面，强调商品小巧的外观，然后再依次展示小型加湿器打翻不漏水的特点，以及加水、充电、使用的具体方法，最后通过几个在办公室使用小型加湿器的镜头加强商品使用的体验感，具体分镜头脚本如表7-1所示。

表7-1　《小型加湿器》分镜头脚本

镜号	景别	镜头运动	时长	画面内容	对白	声音	备注
1	全景	正面，摇镜头	1.5 s	加湿器全貌			
2	特写	正面，固定	2 s	加湿器出气口特写			
3	全景	正面，固定	2 s	用手机和加湿器对比大小			
4	中景	斜侧，固定	2 s	认真工作时旁边加湿器喷出水雾			
5	近景	斜侧，固定	2 s	拿手机时不小心打翻加湿器			
6	特写	斜侧，推镜头	2 s	展示倒下的加湿器出气口		轻松背景音	
7	全景	俯拍，固定	6 s	展示加湿器的使用方法			
8	特写	斜侧，固定	2 s	为加湿器连接USB线			
9	近景	斜侧，固定	2 s	使用USB线连接电脑			
10	全景	俯拍，固定	2 s	使用USB线连接充电宝			
11	近景	斜侧，固定	3 s	展示加湿器开关的使用方法			
12	特写	正面，固定	3.5 s	加湿器出气口喷出的水雾			

2．准备拍摄设备

现场拍摄需根据脚本准备好相关设备。为了更好地呈现商品的质感与细节，本案例拍摄的大部分镜头为固定镜头，因此采用单反相机进行拍摄，并利用一个三脚架辅助拍摄，如图7-9所示。

图7-9　拍摄设备

3．布置场景和灯光

1）布置场景

在该案例中，一共搭建了两个场景，一个是展示场景，另外一个则是办公室场景，如图7-10所示。

图7-10　展示场景和办公室场景

2）布置灯光

本案例的现场灯光布置是采用三点布光法进行照明，在布光时充分考虑了拍摄现场的周边环境及商品本身的颜色和材质，以便拍摄人员拍摄出的镜头能够充分展示商品的外观和质感，具体布光效果如图7-11所示。

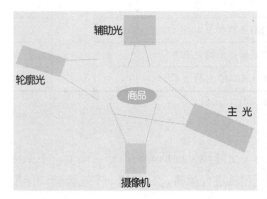

图7-11　展示环境布光图

本案例在灯光布置时，首先将一盏150 W的柔光灯放在商品右上方作为主光，不仅可以充分照亮场景中的商品及其周围区域，而且能让投影的方向清晰地落在商品的左下方，突出了主要的明暗关系，让布光更加合理。

其次，灵活地利用来自窗口的自然光线作为辅助光，此光线透过蓝色的窗帘照进场景时已经变得柔和，既有效地照亮了物体的阴影区域，又不会影响整体的光源方向，还可调节明暗区域之间的反差。

最后，由于本案例中的商品颜色较重，便使用了反光面积较大的反光板作为轮廓光，对商品的外围轮廓进行补光，以突出加湿器圆润的形状。

实战步骤

制作淘宝商品短视频首先要根据脚本进行现场拍摄，包括商品展示镜头拍摄和办公环境拍摄，然后需要根据脚本和所需风格进行后期处理，对商品短视频进行剪辑，为其添加字幕、调整画面效果，最后添加背景音乐并输出。

1．现场拍摄

本案例由于拍摄内容相对简单，全程仅使用一个机位。下面首先拍摄商品展示场景中的一些镜头，然后拍摄办公场景的镜头，以下是具体的拍摄过程。

1）拍摄展示镜头

在拍摄展示镜头时，需要从多个角度、多个景别充分展示加湿器的外观和特点。

步骤1 拍摄第1个镜头。在商品正前方架好拍摄设备，从正面拍摄一个自上而下的摇镜头，使画面最终定格在加湿器的全景上，该镜头有助于用户清晰地了解商品的全貌，如图7-12所示。

图7-12　正面拍摄加湿器全景

步骤2 使用同一个机位，然后运用固定镜头从正面拍摄加湿器开关的近景画面，接着拍摄加湿器出气口的特写，如图7-13所示。这两个镜头有助于用户了解商品的细节。

图7-13　开关近景和出气口特写

步骤3 拉开窗帘让光透进来，以便体现出水雾的形态，然后使用固定镜头拍摄水雾从出气口喷出的特写画面，如图7-14所示。

步骤4 使用固定镜头从正面拍摄手机与加湿器对比的全景，如图7-15所示。

步骤5 为了便于展示加湿器的使用方法，将机位挪至商品侧面并升高三脚架，然后利用斜侧俯拍的角度拍摄使用加湿器的画面，包括浸泡棉条和安装棉条的过程，如图7-16所示。

图7-14 水雾特写画面

图7-15 对比全景

图7-16 斜侧俯拍使用方法

步骤6 再用俯拍角度拍摄为加湿器插上USB接口的近景镜头，如图7-17所示。

图7-17 俯拍USB接口

2) 拍摄办公场景镜头

步骤1 利用俯拍角度拍摄在工作场景中使用加湿器的画面，如图7-18所示。

图7-18 斜侧俯拍工作场景

步骤2 从斜侧面用俯拍角度拍摄加湿器的USB线连接电脑和充电宝的镜头，如图7-19所示。

图7-19 连接电脑和充电宝

步骤3 采用俯拍角度拍摄碰倒加湿器的镜头，然后拍摄加湿器侧翻的特写镜头，以便清晰地展示加湿器"倾倒防漏水"的设计特点，如图7-20所示。

图7-20 碰倒加湿器及其侧翻特写

贴心提示

现场拍摄时，需要在脚本的基础上多拍些素材。其原因是如果拍摄的素材不能用或不够用，就需要重新布景、布灯进行拍摄，这样会严重影响制作时间。因而，素材宁多勿少。

2. 后期处理

现场拍摄完成后，接下来就要进行后期处理了。在后期处理前需要先对拍摄好的素材进行梳理，将明显有问题且剪辑时不会用到的素材直接删除，为剪辑做好准备工作。

本案例使用Premiere进行后期处理，下面首先对素材进行剪辑，然后添加字幕，接着对画面进行校色并添加滤镜，最后添加背景音乐并输出。

◆扫一扫◆

编辑《小型加湿器》上

1）剪辑素材

将所有素材导入软件中，然后按照脚本设计的时间和先后顺序加以剪辑与拼接，具体操作如下。

步骤1 启动Adobe Premiere，新建一个以"淘宝短视频"命名的项目，然后将本书配套资源"章节案例">"第7章">"素材">"视频"文件夹中的"展示镜头"和"办公镜头"两组素材导入该项目中，接着新建一个以"视频"命名的素材箱，并将导入素材全部放入其中。

步骤2 将素材"全景摇.mp4"拖至"V1"轨道，此时在"视频"素材箱中自动生成一个与该素材属性一致的序列，将该序列重命名为"淘宝短视频"。

预览素材"全景摇.mp4"，发现从空白画面摇到商品出现画面的时间及后续定格时间都太长，需要对其进行剪辑，具体操作如下。

步骤3 使用"剃刀工具" 将素材"全景摇.mp4"分割成3段（第1段为空白画面，第2段为商品展示，第3段为多余的定格画面），具体剪辑效果如图7-21所示。

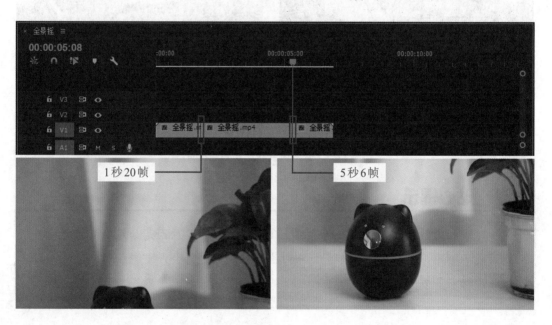

图7-21 剪辑第1个镜头

步骤4 依次选择前后两个片段，并按"Delete"键删除，然后将剩余片段向左拖动，使其起始点位于第0帧。

步骤5 将素材"全景摇.mp4"的"速度/持续时间"设为1秒23帧，使其播放速度加快，播放时长缩短。

步骤6 采用上述方法，依次在素材"出气口特写.mp4""与手机对比.mp4""工作场景.mp4""碰倒.mp4""倒后特写.mp4"5个素材中各截取2 s关键片段，并按截取顺序进行拼接。

接下来需要从"使用方法.mp4"素材中截取浸泡棉条和安装棉条两个片段,具体操作如下。

步骤7 将"使用方法.mp4"拖至"V1"轨道,在开始放水浸泡棉条的操作处添加剪辑点,作为浸泡棉条片段的起始画面(见图7-22),然后截取此画面之后20 s左右的片段,即可完成浸泡棉条片段的截取。

步骤8 按照上述方法截取安装棉条的片段,将图7-23作为起始画面向后截取14 s左右的片段即可。

浸泡棉条起始画面

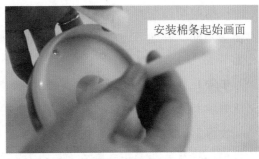

安装棉条起始画面

图7-22　浸泡棉条　　　　　　　　　　　图7-23　安装棉条

步骤9 在"V1"轨道中框选上述两段素材并右击,在弹出的快捷菜单中选择"嵌套"选项,将这两段素材合并成一个整体,如图7-24所示。

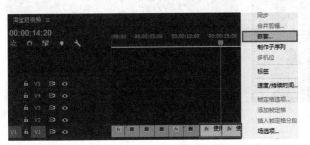
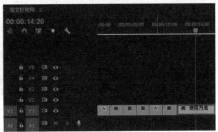

图7-24　嵌套

贴心提示

将多个素材嵌套后可以连接成一个整体,这样做能够同时改变其属性。

步骤10 将嵌套后素材的"持续时间"设为6 s,以缩短其播放时长。

步骤11 采用上述剪辑方法,依次在素材"加湿器接口.mp4""接电脑.mp4""接充电宝.mp4"中各截取2 s关键片段;在素材"开关.mp4"中截取第1次按开关到第3次按开关之间15 s的镜头片段;在素材"水雾特写.mp4"中截取水雾升腾的3 s镜头片段,然后在"V1"轨道中按剪辑顺序拼接好。

步骤12 将素材"开关.mp4"的"持续时间"设为3 s,并利用"波纹删除"命令完成拼接。至此初步剪辑完成,当前时间轴面板效果如图7-25所示。

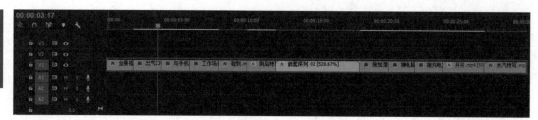

图7-25　当前时间轴面板效果

编辑《小型加湿器》下

2）添加字幕

根据前期策划的文案，逐一为镜头添加字幕，同时为了让画面更生动、有趣，还需要为字幕素材添加转场效果，具体操作如下。

步骤1　在菜单栏中选择"文件"＞"新建"＞"标题"菜单项，在"新建字幕"对话框中单击"确定"按钮，进入字幕编辑界面。

步骤2　在字幕编辑区单击并在文字输入框中输入"小型加湿器"，在"字幕样式"面板中选择蓝色阴影字幕样式（见图7-26），然后设置字幕的字体、大小和所在位置，效果如图7-27所示。

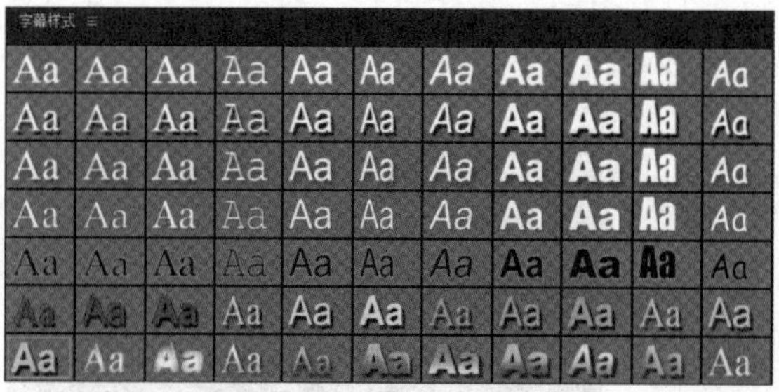

图7-26　选择字幕样式

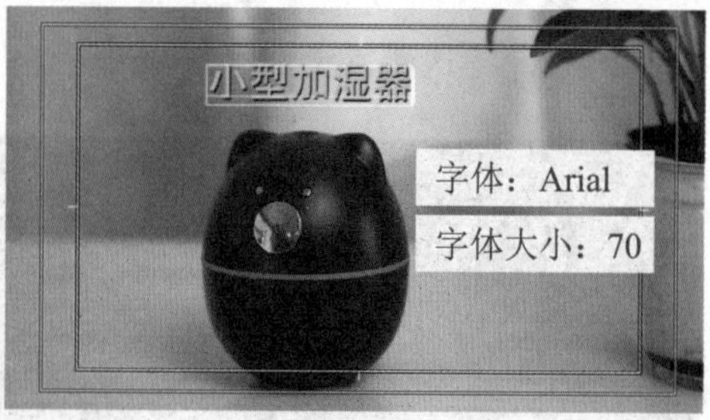

图7-27　设置字幕

步骤3　将新建的"字幕01"素材拖至"V2"轨道，使其起始点位于第0帧作为首个片段的字幕，然后调整其时长，使其末端位于第1秒15帧处，制作文字先于画面消失的效果。

步骤4　新建"字幕02"，在字幕编辑界面输入文字并设置其字体、大小和行距，并调整字幕所在位置，如图7-28所示。

图7-28　设置字幕02

贴心提示

输入文字时按回车键即可换行。

为了让文字更清晰，重点信息点更突出，可以设置字幕颜色，并用不同颜色的文字效果突出关键信息点，具体操作如下。

步骤5　选择文字输入框中的所有文字，然后在"字幕属性"面板中的"填充"列表下单击"颜色"属性右侧的按钮▭，在打开的"拾色器"对话框中拖动拾色点，以将颜色设为纯白色，然后单击"确定"按钮，如图7-29所示。此时，文字颜色变为纯白色。

图7-29　更改文字颜色

步骤6　采用上述方法将字幕中的"6"字改为橙色，以使其更加突出，完成后关闭字幕编辑界面。

步骤7　在项目面板中将"字幕02"拖至"V2"轨道，使其起始点与素材"出气口特写.mp4"起始点对齐，然后将时长设为2 s左右。

步骤8　采用上述方法，根据该短视频的文案依次为后面的镜头添加字幕，并将字幕置于画面下方，效果如图7-30所示。结束画面为水雾升腾的镜头，为了不让字幕挡住水雾，可将其置于画面右下角，效果如图7-31所示。

图7-30　字幕放置位置　　　　　　　　　图7-31　结束画面的字幕

步骤9 在"效果"选项卡的"视频过渡">"页面剥落"列表中选择"翻页"效果，并将其拖至"字幕01"素材的起始端。

步骤10 选中"字幕01"中的"翻页"效果（见图7-32），在"效果控件"选项卡中将"持续时间"设为1秒15帧，使其与"字幕01"时长等长，以制作出字幕翻页出现的效果，如图7-33所示。

图7-32 添加翻页效果　　　　　　　图7-33 设置持续时间

步骤11 采用上述方法，为其他字幕素材的首端添加"交叉溶解"转场效果，使字幕具有逐渐显现的效果。此时，时间轴面板效果如图7-34所示。

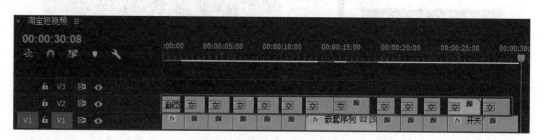

图7-34 当前时间轴面板效果

贴心提示

需要注意的是，由于字幕"按一下持续出水雾""按两下间歇出水雾""按三下关闭"属于同一个镜头的连续字幕，且镜头的时长较短，可将其嵌套后统一添加转场效果。

3）调整画面

视频基本编辑完成后，需要对画面进行色彩校正并添加光晕效果。下面首先调整光线不足与其他镜头色差较大的素材，然后再进行整体调色，以使该短视频色调统一，具体操作步骤如下。

步骤1 在"效果"选项卡的"视频效果">"颜色校正"列表下依次选择"亮度与对比度"和"颜色平衡"效果，并拖至"V1"轨道中的"碰倒.mp4"片段上。

步骤2 在"效果控件"选项卡中设置"亮度与对比度"中的"亮度"属性参数，

以提高画面整体亮度，然后设置"颜色平衡"中的相关参数，以使原本暗淡的画面，变得更明亮、通透，设置的参数及调节前后的画面效果如图7-35所示。

图7-35　调整参数和画面效果

步骤3　采用上述方法，为首个镜头进行单独调色，将其偏红的画面，调整成明亮、通透的淡蓝色调，设置的参数及调节前后的画面效果如图7-36所示。

图7-36　调整参数和画面效果

步骤4　在菜单栏中选择"文件">"新建">"调整图层"菜单项，然后在弹出的"调整图层"对话框中单击"确定"按钮，此时在项目面板中新增了一个调整图层。

步骤5　选择"V2"轨道上的所有素材并全部拖至"V3"轨道，然后将调整图层拖至"V2"轨道，并设置其时长为30 s，以将"V1"轨道上的视频素材完整覆盖，这样只需要对调整图层进行颜色设置，即可对所有素材进行统一调色，如图7-37所示。

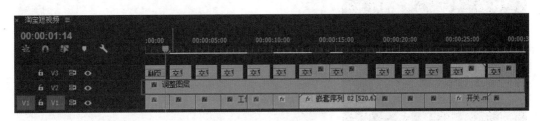

图7-37　新建调整图层

步骤6 在"效果"选项卡的"视频效果">"颜色校正"列表中选择"Lumetri Color"效果，并将其拖至调整图层上。

步骤7 在"效果控件"选项卡中展开"Lumetri Color"效果下的"曲线"列表，在"RGB曲线"设置区中单击两次中间的斜线，以创建两个调节点，选中调节点并向上拖动，将整体画面调亮（向下拖动则是调暗），如图7-38所示。

步骤8 在"Lumetri Color"效果下的"色相饱和度曲线"设置区中为圆环线创建3个调节点，然后拖住中间的调节点向外拉，以提高该处颜色的饱和度（往下则是降低饱和度），如图7-39所示。

步骤9 依次将上下两侧的调节点向内拖以使该短视频的饱和度整体降低，从而营造一种高级且温暖的氛围，画面调色前后效果如图7-40所示。

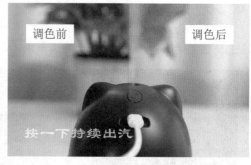

图7-38 曲线调整　　图7-39 调整色相饱和度　　　　图7-40 画面调色前后效果

整体校色完成后，可为短视频添加一些光晕效果，以丰富画面的层次，具体操作如下。

步骤10 在"效果"选项卡的搜索框中输入"镜头光晕"，然后将"镜头光晕"效果拖至素材"水雾特写.mp4"上。

步骤11 在"效果控件"选项卡中设置"光晕镜头"的相关参数，以调整光晕的位置、亮度、效果等，使光晕效果更真实、自然，具体参数和最终效果如图7-41所示。

图7-41 镜头光晕参数和效果

4）添加音乐并输出

<u>步骤1</u>　导入素材"配乐.mp3"（可在本书配套资源"章节案例"＞"第7章"＞"素材"＞"音乐"文件夹中找到），然后将其拖至"A1"轨道并进行剪辑，使其与视频部分等长。

<u>步骤2</u>　在"效果"选项卡的"音频过渡"＞"交叉淡化"列表中选择"指数淡化"效果，并将其拖至素材"配乐.mp3"的末端，为该背景音乐设置淡出的效果。

<u>步骤3</u>　按"Ctrl+M"组合键，在打开的"导出设置"对话框中，设置输出格式为"H.264"，输出名称为"小型加湿器"，然后设置输出路径并单击"导出"按钮，渲染输出短视频。

<u>步骤4</u>　输出完成后可在指定路径找到制作完成的短视频，至此本案例制作完成。

拓展阅读

2021年度农产品区域公用品牌短视频大赛系列活动正式启动

2021年11月18日，以"贵州绿色农产品，吃出健康好味道"为主题的2021年度农产品区域公用品牌短视频大赛系列活动正式启动。此次系列活动（包括"我为贵州农产品打call"抖音短视频大赛、"我喜爱的贵州农产品区域公用品牌"评比及记者采风等活动）由贵州省农业农村厅和贵州广播电视台共同主办，旨在打造有全国影响力、价值超百亿的"贵字号"农业品牌。

近年来，随着"互联网+"农产品出村进城、电子商务进农村综合示范等工作深入推进，我国农村电商保持高速发展态势。尤其是新冠肺炎疫情期间，农村电商凭借线上化、非接触、供需快速匹配、产销高效衔接等优势，在县域稳产保供、复工复产和民生保障等方面的功能作用凸显，不断涌现出直播带货、社区团购等新业态新模式。

未来，我国将进一步培育壮大农村电商、乡村休闲旅游等领域的龙头企业，打造农业全产业链，促进乡村多元价值提升。

参考文献

［1］吴航行，李华．短视频编辑与制作［M］．北京：人民邮电出版社，2019．

［2］郑昊，米鹿．短视频策划、制作与运营［M］．北京：人民邮电出版社，2019．

［3］王威．短视频策划、拍摄、制作与运营［M］．北京：化学工业出版社，2020．

［4］构图君，李宝运．手机短视频拍摄与剪辑从入门到精通［M］．北京：化学工业出版社，2020．

［5］吕白．人人都能做出爆款短视频［M］．北京：机械工业出版社，2020．